信息技术案例与实训（下）

主　编　贺丽萍　陶晓环
副主编　李　红
主　审　陈永庆

北京理工大学出版社
BEIJING INSTITUTE OF TECHNOLOGY PRESS

内容简介

本书全面介绍了 Office 2016 办公应用的知识。本书分为 Microsoft Office Word 2016、Microsoft Office Excel 2016、Microsoft Office PowerPoint 2016 三大部分，每个单元围绕知识点设计了具体的应用项目实例，紧密联系实际工作，这样不仅能使读者熟练掌握 Word、Excel 和 PowerPoint 的操作技巧，还可以掌握使用这些软件解决实际问题的技能，对于提高读者的工作能力和工作效率具有重要的意义。

版权专有　侵权必究

图书在版编目（CIP）数据

信息技术案例与实训. 下 / 贺丽萍，陶晓环主编. —北京：北京理工大学出版社，2020.12 (2024.1重印)

ISBN 978 – 7 – 5682 – 8963 – 4

Ⅰ. ①信… Ⅱ. ①贺… ②陶… Ⅲ. ①电子计算机 – 高等职业教育 – 教材　Ⅳ. ①TP3

中国版本图书馆 CIP 数据核字（2020）第 159775 号

出版发行 /	北京理工大学出版社有限责任公司
社　　址 /	北京市海淀区中关村南大街 5 号
邮　　编 /	100081
电　　话 /	（010）68914775（总编室）
	（010）82562903（教材售后服务热线）
	（010）68944723（其他图书服务热线）
网　　址 /	http：//www.bitpress.com.cn
经　　销 /	全国各地新华书店
印　　刷 /	河北盛世彩捷印刷有限公司
开　　本 /	787 毫米 × 1092 毫米　1/16
印　　张 /	18.75
字　　数 /	410 千字
版　　次 /	2020 年 12 月第 1 版　2024 年 1 月第 4 次印刷
定　　价 /	52.00 元

责任编辑 / 王玲玲
文案编辑 / 王玲玲
责任校对 / 周瑞红
责任印制 / 施胜娟

图书出现印装质量问题，请拨打售后服务热线，本社负责调换

前 言

随着我国经济社会信息化程度的提高和信息化基础教育的提升，对 Office 办公软件的操作提出了新的挑战。本书结合国际范围内广泛认可的课程标准，针对实际工作流程中任务的完成过程进行训练，运用所学知识解决其中的问题，最后通过综合实训来提高授课对象的应用水平。

本书是计算机一线教师根据全球学习与测评发展中心（Global Learning and Assessment Development，GLAD）的商务应用能力国际标准（Business Application Professional，BAP）精心编写的。本套书包括《信息技术基础教程》（上、下）和《信息技术案例与实训》（上、下）。本书为《信息技术案例与实训（下）》，分为 Microsoft Office Word 2016、Microsoft Office Excel 2016、Microsoft Office PowerPoint 2016 三大部分，每个部分围绕知识点设计了具体的应用项目实例，紧密联系实际工作进行设计，这样不仅能使读者熟练掌握 Word、Excel 和 PowerPoint 的操作技巧，还可以掌握使用这些软件解决实际问题的技能，对于提高读者的工作能力和工作效率具有重要的意义。

全书分为三大部分，其中，第一部分为 Word 2016 文字处理软件，包括 13 个项目，主要从基本排版方法、表格及图表的使用、分节后为不同节设置不同页面格式、邮件合并、图文混排及绘图工具的应用、论文排版、目录生成等方面进行介绍。第二部分为 Excel 2016 电子表格处理软件，包括 13 个项目，主要从工作簿与工作表的相关操作、工作表的编辑与格式处理、数据计算、建立与编辑图表、数据管理和分析、打印与预览等方面进行介绍。第三部分为 PowerPoint 2016 演示文稿软件，包括 9 个项目，主要从演示文稿的创建、编辑和保存，使用母版创建统一风格的演示文稿，幻灯片的打印、放映，以及个性化设置 PowerPoint 等方面进行介绍。

本书适合作为计算机专业和非计算机专业的教材，同时配有相应项目的微课视频、教案、教学课件等资源，可供广大计算机办公用户学习参考。

本书由渤海船舶职业学院组织编写，由贺丽萍、陶晓环任主编，李红任副主编，陈永庆任主审。其中，第一部分及综合习题对应部分由贺丽萍编写，第二部分及综合习题对应部分由陶晓环编写，第三部分及综合习题对应部分由李红编写。全书由贺丽萍统稿。

由于时间仓促，加之水平有限，书中难免有不足之处，敬请广大读者提出宝贵意见和建议。

编　者

目 录

第一部分　Microsoft Office Word 2016 文字处理软件

项目 1　Word 文档的创建与保存 …………………………………………………… 3
项目 2　Word 文档的格式处理 …………………………………………………… 9
项目 3　制作表格 ………………………………………………………………… 21
项目 4　绘制图形 ………………………………………………………………… 37
项目 5　杂志排版 ………………………………………………………………… 47
项目 6　制作文档阅读目录 ……………………………………………………… 53
项目 7　设置页眉、页脚与页码 ………………………………………………… 61
项目 8　编辑数学公式 …………………………………………………………… 66
项目 9　审阅文档 ………………………………………………………………… 70
项目 10　邮件合并 ………………………………………………………………… 74
项目 11　窗体与交互 ……………………………………………………………… 79
项目 12　个性化设置 Word 文档 ………………………………………………… 85
项目 13　Word 文档的打印 ……………………………………………………… 96
本部分总结 ………………………………………………………………………… 100

第二部分　Microsoft Office Excel 2016 电子表格处理软件

项目 1　Excel 文档的创建与保存 ……………………………………………… 103
项目 2　Excel 文档中数据的录入 ……………………………………………… 110
项目 3　Excel 文档的格式化设置 ……………………………………………… 116
项目 4　创建与格式化数据 ……………………………………………………… 128
项目 5　Excel 数据计算 ………………………………………………………… 136
项目 6　图表的创建与修改 ……………………………………………………… 146
项目 7　图表的格式化 …………………………………………………………… 156
项目 8　数据统计 ………………………………………………………………… 168
项目 9　数据工具与安全性设置 ………………………………………………… 179
项目 10　Excel 宏应用和窗体控件的使用 ……………………………………… 186
项目 11　Excel 窗口操作与视图显示 …………………………………………… 194
项目 12　Excel 获取外部数据操作 ……………………………………………… 202
项目 13　Excel 工作表的页面设置及打印 ……………………………………… 207
本部分总结 ………………………………………………………………………… 212

第三部分　Microsoft Office PowerPoint 2016 演示文稿软件

项目1　演示文稿的创建与保存 …………………………………………………………… 219
项目2　编辑演示文稿 ……………………………………………………………………… 230
项目3　使用母版创建统一风格的演示文稿 ……………………………………………… 239
项目4　演示文稿的图形设置 ……………………………………………………………… 246
项目5　演示文稿的多媒体设置 …………………………………………………………… 256
项目6　演示文稿的动画设置 ……………………………………………………………… 263
项目7　演示文稿的高级应用 ……………………………………………………………… 269
项目8　打印演示文稿 ……………………………………………………………………… 276
项目9　发布与共享演示文稿 ……………………………………………………………… 279
本部分总结 …………………………………………………………………………………… 287
综合习题 ……………………………………………………………………………………… 288
参考文献 ……………………………………………………………………………………… 292

第一部分
Microsoft Office Word 2016 文字处理软件

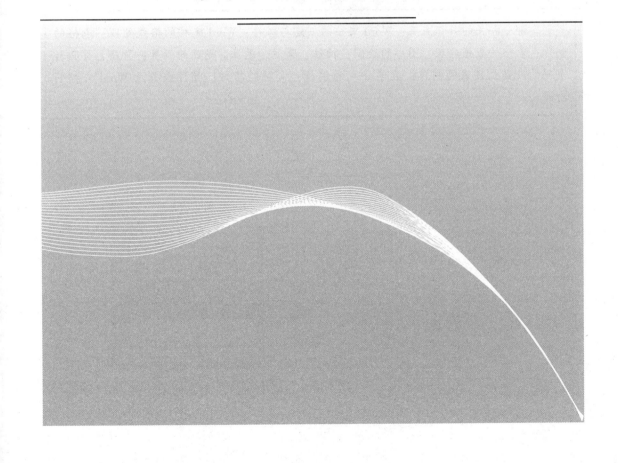

【描述】

　　Word 2016 是 Microsoft Office 2016 软件包中的一个重要组件，适用于多种文档的编辑排版，如书稿、简历、公文、传真、信件、图文混排和文章等，是人们提高办公质量和办公效率的有效工具。本部分通过 13 个项目的操作，帮助学习者掌握文字处理软件的应用。

【分析】

　　本部分主要从基本排版方法、表格及图表的使用、分节后不同节设置不同页面格式的方法、邮件合并的基本使用方法、图文混排及绘图工具的应用、论文排版、目录生成等方面进行设置。

【相关知识和技能】

　　本部分相关的知识点有：Word 文档的创建与保存；Word 文档的格式处理；表格的制作；表格的数据处理；图形的绘制；批注、脚注、尾注、题注的设置；页眉、页脚与页码的设置；目录的制作；数学公式的编辑；文档的修订；邮件合并及 Word 文档的打印。

项目 1
Word 文档的创建与保存

基本信息	姓名		学号		班级			总评成绩	
	规定时间	30 min	完成时间		考核日期				
任务工单	序号	步骤			完成情况			标准分	评分
					完成	基本完成	未完成		
	1	启动 Word 2016						15	
	2	建立文档						20	
	3	保存文档						15	
	4	文档的编辑与修改						20	
	5	加密文档						20	
操作规范性								5	
安全								5	

【项目目标】通过建立图 1-1 所示的原始文档，编辑后生成图 1-2 所示的新文档过程，熟悉建立新文档、文档录入的方法与技巧、保存文档和文档加密的过程。同时注意"保存""另存为"的区别。

【项目分析】本项目要求利用 Word 2016 建立新文档、录入文字、完成文字替换、保存文档、备份文档并加密，最终实现文档的建立。

【知识准备】Word 文档的建立、文档录入的方法与技巧、文本替换、简单的 Word 编辑、文档的加密。

【项目实施】

1. 启动 Word 2016。

（1）单击"开始"按钮，打开"开始"菜单，选择"所有应用"，再单击"Word 2016"，打开 Word 2016 应用程序窗口。如图 1-3 所示。

视频 1-1
Word 文档的创建与保存

> 十五"元宵节"
>
> 农历十五元宵节,是中国汉族和部分兄弟民族的传统节日之一,也是汉字文化圈的地区和海外华人的传统节日之一。汉族传统的元宵节始于2000多年前的秦朝。汉文帝时下令将十五定为元宵节。汉武帝时,"太一神"的祭祀活动定在十五。(太一:主宰宇宙一切之神)。司马迁创建"太初历"时,就已将元宵节确定为重大节日。正月是农历的元月,古人称夜为"宵",而十五日又是一年中第一个月圆之夜,所以称十五为元宵节,又称为小正月、元夕或灯节,是春节之后的第一个重要节日。
>
> 中国传统节日
> 新年:正月初一
> 元宵节:正月十五
> 上巳节:三月初三
> 寒食节:清明节前一天
> 清明节:4月5日前后
> 端午节:五月初五
> 七夕节:七月初七
> 中元节:七月十五
> 中秋节:八月十五
> 重阳节:九月初九
> 寒衣节:十月初一
> 下元节:十月十五
> 腊八节:腊月初八
> 冬至节:12月22日前后
> 祭灶节:腊月廿三或廿四
> 除夕:腊月廿九或三十

图1-1 录入原文

> 正月十五"元宵节"
>
> 农历正月十五元宵节,又称为"上元节",上元佳节,是中国汉族和部分兄弟民族的传统节日之一,亦是汉字文化圈的地区和海外华人的传统节日之一。汉族传统的元宵节始于2000多年前的秦朝。汉文帝时下令将正月十五定为元宵节。汉武帝时,"太一神"的祭祀活动定在正月十五。(太一:主宰宇宙一切之神)。司马迁创建"太初历"时,就已将元宵节确定为重大节日。正月是农历的元月,古人称夜为"宵",而正月十五日又是一年中第一个月圆之夜,所以称正月十五为元宵节。又称为小正月、元夕或灯节,是春节之后的第一个重要节日。
>
> 中国传统节日
> 新年:正月初一
> 元宵节:正月十五
> 上巳节:三月初三
> 寒食节:清明节前一天
> 清明节:4月5日前后
> 端午节:五月初五
> 七夕节:七月初七
> 中元节:七月十五
> 中秋节:八月十五
> 重阳节:九月初九
> 寒衣节:十月初一
> 下元节:十月十五
> 腊八节:腊月初八
> 冬至节:12月22日前后
> 祭灶节:腊月廿三或廿四
> 除夕:腊月廿九或三十

图1-2 编辑后的样文

图 1-3　启动 Microsoft Word 2016

（2）系统自动建立一个文件名为"文档1"的空文档（此文件名为临时文件名）。

2. 在"文档1"中输入图 1-1 所示的原文内容。

（1）在光标处输入标题内容，并按 Enter 键一次（即标题后插入一空行）。

（2）输入正文第一个自然段，按 Enter 键一次，第一段录入完毕。

（3）插入一空行。

（4）输入"中国传统节日"等内容。

3. 第一次保存文档。

（1）打开"文件"菜单，选择"保存"命令，单击"浏览"，弹出"另存为"对话框，如图 1-4 所示。

（2）在"另存为"对话框中，注意保存文件的如下要点：

①保存位置。选定文件要保存的磁盘与文件夹，一般为读者自己建立的文件夹。系统默认为 📁 ＞ 此电脑 ＞ 文档 文件夹。

②"文件名"组合框。输入文档的名称"项目1 正月十五元宵节"。

③"保存类型"下拉列表框。选定文档的文件类型，默认为 Word 文档。

（3）单击"保存"按钮，即可完成文件的保存。此时 Word 2016 窗口标题变为"项目1 正月十五元宵节"。

4. 文档内容的编辑与修改。

（1）在"农历十五元宵节，"后插入下列文字："又称为'上元节'，上元佳节，"。

（2）将"也是汉字文化圈"中的"也"字改为"亦"字。

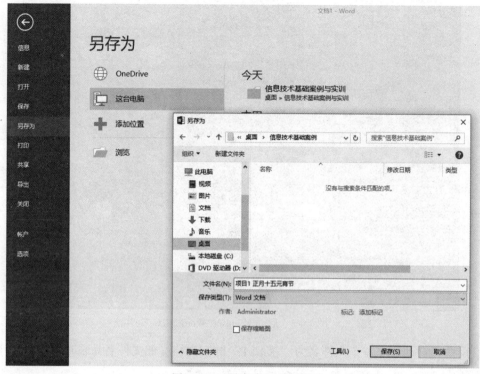

图1-4 "另存为"对话框

(3) 将文档中的所有"十五"替换成"正月十五"。

选中第一、二自然段,选择"开始"选项卡,单击"编辑"选项区域中的"替换"选项,打开"查找和替换"对话框。

在"查找内容"文本框中输入要查找的内容"十五",在"替换为"文本框中输入要替换的内容"正月十五",如图1-5所示。单击"全部替换"命令按钮则实现全部自动替换,并弹出"是否搜索文档的其余部分"对话框,如图1-6所示,单击"是"按钮,可以继续查找替换其余部分,单击"否"按钮,则结束替换。这里单击"否"按钮关闭"查找和替换"对话框。

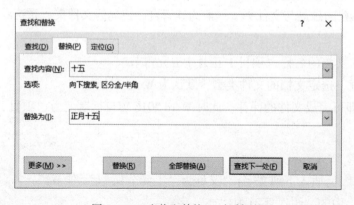

图1-5 "查找和替换"对话框的"替换"选项卡

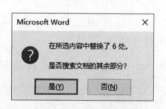

图1-6 "是否搜索文档的其余部分"对话框

5. 再次保存文档。

打开"文件"菜单,选择"保存"命令,或单击"保存"按钮,将刚才所做修改保存到文档中,此时不会再出现"另存为"对话框,将以原名、原类型、原位置保存。

6. 为文档做一备份并加密。

在文档已保存后,打开"文件"菜单,选择"另存为"命令,再次打开"另存为"对话框,选择另一磁盘中的某个文件夹。单击"工具"按钮,选择"常规选项",弹出"常规选项"对话框,在"打开文件时的密码"框中输入密码,如图 1-7 所示,单击"确定"按钮,弹出"确认密码"对话框,再次输入密码,如图 1-8 所示,单击"确定"按钮,再单击"保存"按钮,完成文件的备份。

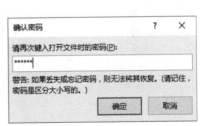

图 1-7 "常规选项"对话框　　　　图 1-8 "确认密码"对话框

操作技巧:

①新文档的建立遵循"先录入,后编辑,存盘贯穿始终"的原则。

②录入过程中,若某个词汇频繁出现(如 Word 2016),可先用代码代替(如 W16),最后再统一替换,可大大提高录入速度。

③重要文件要养成做备份的好习惯。

④文件命名要能表达文档内容,便于今后查阅。

⑤在中文输入法已打开,且为中文标点状态下,按 Shift + 6 组合键可输入"……",按键可输入顿号(、);选择"插入"选项卡,单击"符号"组中的"符号"命令,在下拉菜单中选择"其他符号"命令;通过菜单中的"符号"命令,可输入所有中文符号。

⑥在编辑过程中，要善于使用"撤销" 和"恢复" 功能来更正错误操作。

⑦在编辑文本时，一般应使系统处于"插入"状态而不是"改写"状态，Word 窗口底部状态栏左侧有"改写"或"插入"状态按钮，"改写"和"插入"状态可以用单击的方式进行切换。

【项目总结】本项目主要练习 Word 2016 的创建与保存、录入文字内容时的方法和技巧，并对文件做了加密处理。

项目 2
Word 文档的格式处理

基本信息	姓名		学号		班级		总评成绩	
	规定时间	60 min	完成时间		考核日期			
任务工单	序号	步骤	完成情况			标准分	评分	
			完成	基本完成	未完成			
	1	文档的页面设置				10		
	2	设置页眉和页脚				10		
	3	设置字体和段落				15		
	4	设置首字下沉				5		
	5	设置分栏				5		
	6	拼音指南				5		
	7	设置边框和底纹				10		
	8	大纲级别和文本排序				10		
	9	设置制表位				10		
	10	带格式的选择				5		
	11	设置编号				5		
操作规范性						5		
安全						5		

【项目目标】通过对"项目2素材.docx"原始文档的编辑,生成图1-9所示的文档。

【项目分析】本项目对已有的文档按照要求进行排版设置,然后保存文档。

【知识准备】掌握文档的页面设置、页眉和页脚、字体和段落、首行缩进、首字下沉、分栏、拼音指南、边框和底纹、大纲级别和文本排序、制表位、带格式的选择、编号等的相关操作等。

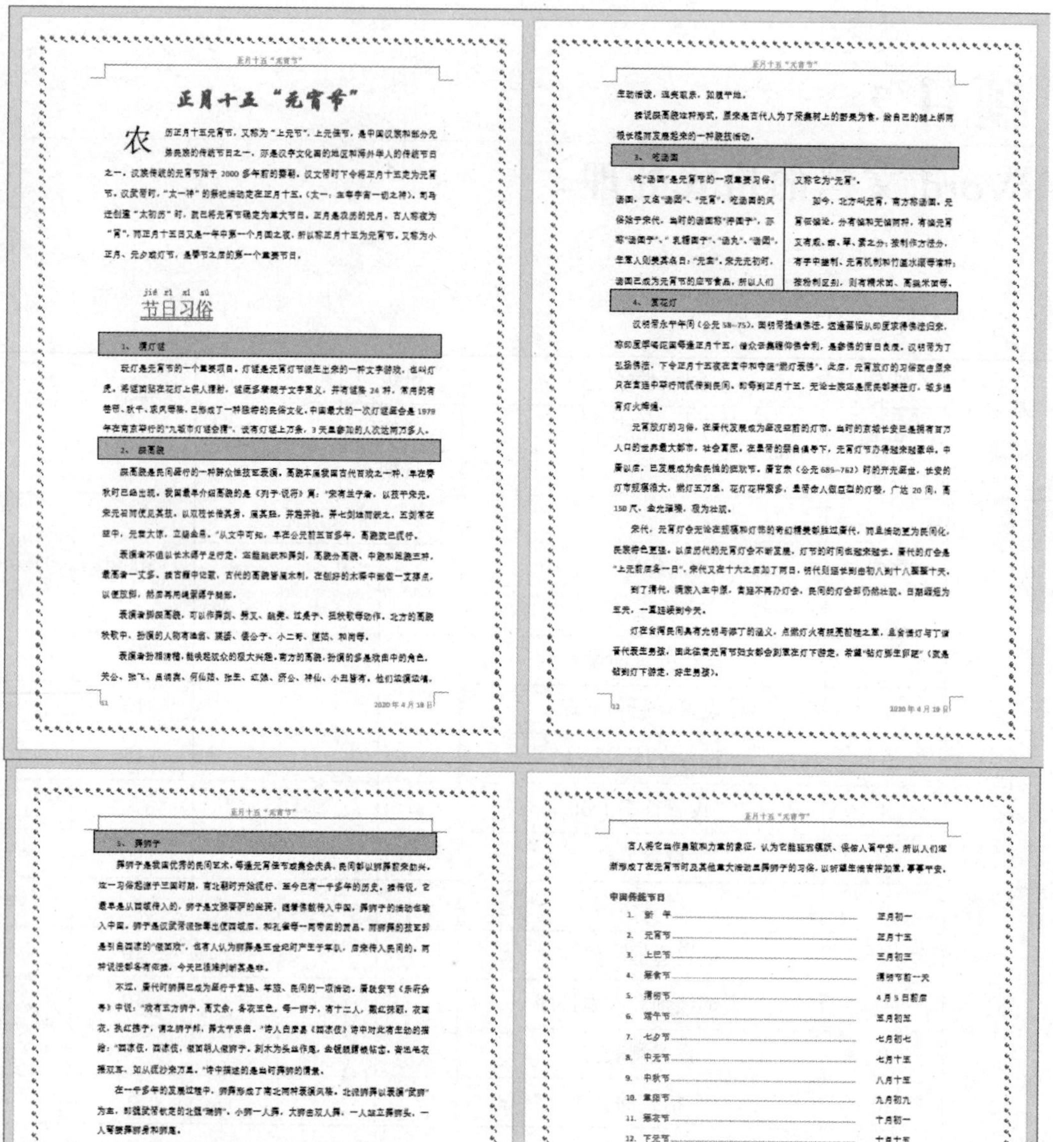

正月十五“元宵节”

正月十五“元宵节”

农历正月十五元宵节，又称为“上元节”，上元佳节，是中国汉族和部分兄弟民族的传统节日之一，亦是汉字文化圈的地区和海外华人的传统节日之一。汉族传统的元宵节始于2000多年前的秦朝。汉文帝时下令将正月十五定为元宵节。汉武帝时，“太一神”的祭祀活动定在正月十五。（太一：主宰宇宙一切之神）。司马迁创建“太初历”时，就已将元宵节确定为重大节日。正月是农历的元月，古人称夜为“宵”，而正月十五日又是一年中第一个月圆之夜，所以称正月十五为元宵节。又称为小正月、元夕或灯节，是春节之后的第一个重要节日。

jié rì xí sú
节日习俗

1、猜灯谜

玩灯是元宵节的一个重要项目。灯谜是元宵灯节派生出来的一种文字游戏，也叫灯虎。将谜面贴在花灯上供人猜射，谜底多着眼于文字意义，并有谜格24种，常用的有卷帘、秋千、求凤等格。已形成了一种独特的民俗文化。中国最大的一次灯谜展会是1979年在南京举行的“九城市灯谜会猜”，设有灯谜上万条，3天里参加的人次达两万多人。

2、踩高跷

踩高跷是民间盛行的一种群众性技艺表演。高跷本属我国古代百戏之一种，早在春秋时已经出现。我国最早介绍高跷的是《列子·说符》篇：“宋有兰子者，以技干宋元。宋元召而使见其技。以双枝长倍其身，属其胫，并趋并驰，弄七剑迭而跃之，五剑常在空中，元君大惊，立赐金帛。”从文中可知，早在公元前五百多年，高跷就已流行。

表演者不但以长木缚于足行走，还能跳跃和舞剑，高跷分高跷、中跷和跑跷三种，最高者一丈多。据古籍中记载，古代的高跷皆属木制，在刨好的木棒中部做一支撑点，以便放脚，然后再用绳索缚于腿部。

表演者脚踩高跷，可以作舞剑、劈叉、跳凳、过桌子、扭秧歌等动作。北方的高跷秧歌中，扮演的人物有渔翁、媒婆、傻公子、小二哥、道姑、和尚等。

表演者扮相滑稽，能唤起观众的极大兴趣。南方的高跷，扮演的多是戏曲中的角色，关公、张飞、吕洞宾、何仙姑、张生、红娘、济公、神仙、小丑皆有。他们边演边唱，生动活泼，逗笑取乐，如履平地。

据说踩高跷这种形式，原来是古代人为了采集树上的野果为食，给自己的腿上绑两根长棍而发展起来的一种跷技活动。

3、吃汤圆

吃“汤圆”是元宵节的一项重要习俗。汤圆，又名“汤团”、“元宵”。吃汤圆的风俗始于宋代。当时的汤圆称“浮圆子”，亦称“汤圆子”、“乳糖圆子”、“汤丸”、“汤团”。生意人则美其名曰：“元宝”。宋元元初时，汤圆已成为元宵节的应节食品，所以人们又称它为“元宵”。

如今，北方叫元宵，南方称汤圆。元宵作馅论，分有馅和无馅两种，有馅元宵又有咸、甜、荤、素之分；按制作方法分，有手中搓制、元宵机制和竹匾水滚等诸种；按粉制区别，则有糯米面、高粱米面等。

4、赏花灯

汉明帝永平年间（公元58—75），因明帝提倡佛法，适逢蔡愔从印度求得佛法归来，称印度摩喝陀国每逢正月十五，僧众云集瞻仰佛舍利，是参佛的吉日良辰。汉明帝为了弘扬佛法，下令正月十五夜在宫中和寺院“燃灯表佛”。此后，元宵放灯的习俗就由原来只在宫廷中举行而流传到民间。即每到正月十五，无论士族还是庶民都要挂灯，城乡通宵灯火辉煌。

元宵放灯的习俗，在唐代发展成为盛况空前的灯市，当时的京城长安已是拥有百万人口的世界最大都市，社会富庶。在皇帝的亲自倡导下，元宵灯节办得越来越豪华。中唐以后，已发展成为全民性的狂欢节。唐玄宗（公元685—762）时的开元盛世，长安的灯市规模很大，燃灯五万盏，花灯花样繁多，皇帝命人做巨型的灯楼，广达20间，高150尺，金光璀璨，极为壮观。

宋代，元宵灯会无论在规模和灯饰的奇幻精美都胜过唐代，而且活动更为民间化，民族特色更强。以后历代的元宵灯会不断发展，灯节的时间也越来越长。唐代的灯会是“上元前后各一日”，宋代又在十六之后加了两日，明代则延长到由初八到十八整整十天。

到了清代，满族入主中原，宫廷不再办灯会，民间的灯会却仍然壮观。日期缩短为五天，一直延续到今天。

灯在台湾民间具有光明与添丁的涵义，点燃灯火有照亮前程之意，且台语灯与丁谐音代表生男孩，因此往昔元宵节妇女都会刻意在灯下游走，希望“钻灯脚生卵葩”（就是钻到灯下游走，好生男孩）。

5、舞狮子

舞狮子是我国优秀的民间艺术，每逢元宵佳节或集会庆典，民间都以狮舞前来助兴。这一习俗起源于三国时期，南北朝时开始流行，至今已有一千多年的历史。据传说，它最早是从西域传入的，狮子是文殊菩萨的坐骑，随着佛教传入中国，舞狮子的活动也输入中国。狮子是汉武帝派张骞出使西域后，和孔雀等一同带回的贡品。而狮舞的技艺却是引自西凉的“假面戏”，也有人认为狮舞是五世纪时产生于军队，后来传入民间的。两种说法都各有依据，今天已很难判断其是非。

不过，唐代时狮舞已成为盛行于宫廷、军旅、民间的一项活动。唐段安节《乐府杂录》中说：“戏有五方狮子，高丈余，各衣五色，每一狮子，有十二人，戴红抹额，衣画衣，执红拂子，谓之狮子郎，舞太平乐曲。”诗人白居易《西凉伎》诗中对此有生动的描绘：“西凉伎，西凉伎，假面胡人假狮子。刻木为头丝作尾，金镀眼睛银帖齿。奋迅毛衣摆双耳，如从流沙来万里。”诗中描述的是当时舞狮的情景。

在一千多年的发展过程中，狮舞形成了南北两种表演风格。北派狮舞以表演“武狮”为主，即魏武帝钦定的北魏“瑞狮”。小狮一人舞，大狮由双人舞，一人站立舞狮头，一人弯腰舞狮身和狮尾。

舞狮人全身披包狮被，下穿和狮身相同毛色的绿狮裤和金爪蹄靴，人们无法辨认舞狮人的形体，它的外形和真狮极为相似。

引狮人以古代武士装扮，手握旋转绣球，配以京锣、鼓钹，逗引瑞狮。狮子在“狮子郎”的引导下，表演腾翻、扑跌、跳跃、登高、朝拜等技巧，并有走梅花桩、窜桌子、踩滚球等高难度动作。

南派狮舞以表演“文狮”为主，表演时讲究表情，有搔痒、抖毛、舔毛等动作，惟妙惟肖，逗人喜爱，也有难度较大的吐球等技巧。南狮以广东为中心，并风行于港澳、东南亚侨乡。南狮虽也是双人舞，但舞狮人下穿灯笼裤，上面仅仅披着一块彩色的狮被而舞。和北狮不同的是“狮子郎”头戴大头佛面具，身穿长袍，腰束彩带，手握葵扇逗引狮子，以此舞出各种优美的招式，动作滑稽风趣。南狮流派众多，有清远、英德的“鸡公狮”，广州、佛山的“大头狮”，高鹤、中山的“鸭嘴狮”，东莞的“麒麟狮”等。

南狮除外形不同外，尚有性格不同。白须狮舞法幅度不宽、花色品种不多，但沉着刚毅，威严有力，民间称为“刘备狮”。黑须红面狮，人称“关公狮”，舞姿勇猛而傲慢，气概非凡。灰白胡须狮，动作粗犷好战，俗称“张飞狮”。狮子为百兽之尊，形象雄伟俊武，给人以威严、勇猛之感。

古人将它当作勇敢和力量的象征，认为它能驱邪镇妖、保佑人畜平安。所以人们逐渐形成了在元宵节时及其他重大活动里舞狮子的习俗，以祈望生活吉祥如意，事事平安。

中国传统节日

1.	新　年	正月初一
2.	元宵节	正月十五
3.	上巳节	三月初三
4.	寒食节	清明节前一天
5.	清明节	4月5日前后
6.	端午节	五月初五
7.	七夕节	七月初七
8.	中元节	七月十五
9.	中秋节	八月十五
10.	重阳节	九月初九
11.	寒衣节	十月初一
12.	下元节	十月十五
13.	腊八节	腊月初八
14.	冬至节	12月22日前后
15.	祭灶节	腊月廿三或廿四
16.	除　夕	腊月廿九或三十

图 1－9　编辑后的样文

【项目实施】

1. 打开文档“项目 2 素材 . docx”，另存为“项目 2 结果 . docx”。

视频 1－2
Word 文档的格式处理

2. 设置纸张大小和页边距。

设置纸张大小为 A4（21 厘米×29.7 厘米），页边距为上下边距 2.5 厘米，左右边距 3.5 厘米。

（1）选择"布局"选项卡，单击"页面设置"组中的"纸张大小"选项，在下拉菜单中选择"A4（21 厘米×29.7 厘米）"。

（2）单击"页边距"选项，在下拉菜单中选择"自定义边距"，弹出"页面设置"对话框，在"页边距"选项卡中将上下边距设为 2.5 厘米，左右边距设为 3.5 厘米，如图 1-10 所示。单击"确定"按钮。

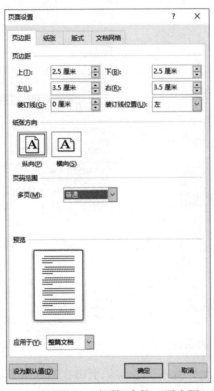

图 1-10　"页面设置"对话框中的"页边距"选项卡

3. 设置页眉和页脚。

（1）选择"插入"选项卡，单击"页眉和页脚"组中的"页眉"选项，在下拉菜单中选择"编辑页眉"，启动编辑页眉视图方式，输入"正月十五'元宵节'"，如图 1-11 所示。

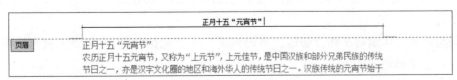

图 1-11　编辑页眉视图

（2）选择"设计"选项卡，单击"关闭页眉和页脚"按钮。

（3）选择"插入"选项卡，单击"页眉和页脚"组中的"页脚"选项，在下拉菜单中选择"空白(三栏)",启动编辑页脚视图方式。

(4)将光标定位在左侧的"[在此处键入]"。单击"页眉和页脚"组中的"页码"选项,在下拉菜单中选择"设置页码格式",弹出"页码格式"对话框,在"页码编号"下选中"起始页码"单选按钮,设为11,如图1-12所示,单击"确定"按钮。

(5)单击"页眉和页脚"组中的"页码"选项,在下拉菜单中选择"当前位置"中的"普通数字1"。

(6)将光标定位在右侧的"[在此处键入]"。选择"设计"选项卡,单击"插入"组中的"时间和日期",弹出"日期和时间"对话框,"语言(国家/地区)"选择"中文(中国)","可用格式"选择"****年**月**日",勾选"自动更新"复选框。如图1-13所示,单击"确定"按钮。

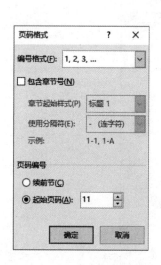

图1-12 "页码格式"对话框

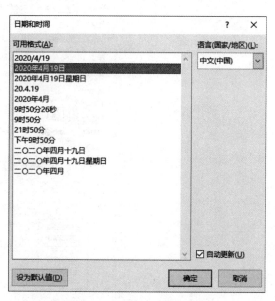

图1-13 "日期和时间"对话框

(7)删除中间的"[在此处键入]"。编辑页脚视图如图1-14所示。

图1-14 编辑页脚视图

(8)选择"设计"选项卡,单击"关闭页眉和页脚"按钮。

操作技巧:

如果是多人合作编写文档,通过"页码格式"→"起始页码",每个人就可以根据实际情况设置自己文档的起始页码。

4.设置字体和段落。

(1)选中第一段文字"正月十五'元宵节'",选择"开始"选项卡,在"字体"组中设置为"华文行楷""一号""加粗",字体颜色为红色,在"段落"组中选择"居中",如

图 1-15 所示。

图 1-15 "字体"设置

（2）选中第 3 页中的文字"中国传统节日"，选择"开始"选项卡，在"样式"组中选择"明显参考"样式。

（3）选中"正月十五'元宵节'"和"中国传统节日"之间的文字，选择"开始"选项卡，单击"段落"组中右下角的按钮，弹出"段落"对话框，选择"缩进和间距"选项卡，在"特殊格式"下拉列表中选择"首行缩进"，缩进值为"2 字符"；在"行距"下拉列表中选择"1.5 倍行距"，如图 1-16 所示。单击"确定"按钮。

操作技巧：

设置字体过程中，也可以使用对话框方式，选中文字"正月十五'元宵节'"，选择"开始"选项卡，单击"字体"选项区域中右下角的按钮；或在选中的文字上单击鼠标右键，在弹出的菜单中选择"字体"，弹出"字体"对话框并设置，如图 1-17 所示。

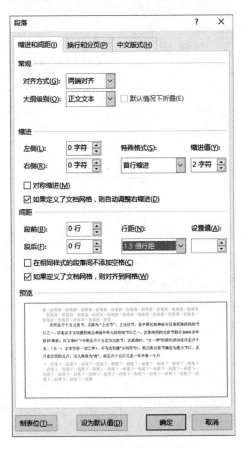

图 1-16 "段落"对话框

图 1-17 "字体"对话框

5. 设置首字下沉。

（1）将光标定位在第二自然段。

（2）选择"插入"选项卡，单击"文本"组中的"首字下沉"选项，在下拉菜单中选择"首字下沉选项"，弹出"首字下沉"对话框，在"位置"中选择"下沉"，"下沉行数"设置为"2"，距正文"0.5厘米"，如图1-18所示。

6. 设置分栏。

（1）选中文字"1、吃汤圆"后面的两个自然段。

（2）选择"布局"选项卡，单击"页面设置"组中的"分栏"选项，在下拉菜单中选择"更多分栏"，弹出"分栏"对话框，在"预设"中选择"两栏"，"间距"设置为"2.2字符"，选中"分隔线"复选框，如图1-19所示。

图1-18 "首字下沉"对话框

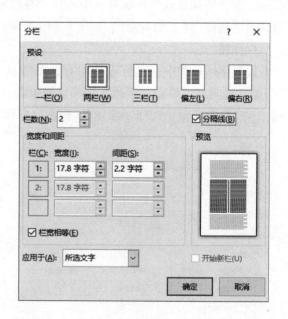

图1-19 "分栏"对话框

7. 给"节日习俗"四个字加双下划线和着重号，设置为"宋体""二号""蓝色"。

选中"节日习俗"四个字，选择"开始"选项卡，单击"字体"组中右下角的按钮，或在选中的文字上单击鼠标右键，在弹出的菜单中选择"字体"，弹出"字体"对话框。设置中文字体为"宋体"、字号为"二号"、字体颜色为"蓝色"，在"下划线线型"中选择"双下划线"，在"着重号"中选择"圆点"，如图1-20所示。

8. 为字符加拼音指南。

选中"节日习俗"四个字，选择"开始"选项卡，单击"字体"组中"拼音指南"按钮，弹出"拼音指南"对话框，在"对齐方式"中选择"居中"，"偏移量"为"2"，如图1-21所示。单击"确定"按钮。

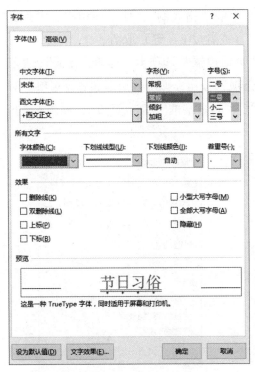
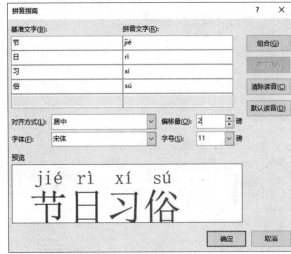

图1-20 设置下划线和着重号

图1-21 "拼音指南"对话框

9. 设置边框和底纹。

（1）选中文字"1、吃汤圆"，选择"开始"选项卡，在"段落"组中单击"边框"按钮的右侧下拉箭头，在下拉列表中选择"边框和底纹"，弹出"边框和底纹"对话框，在"边框"选项卡中选择"方框"，如图1-22所示。选择"底纹"选项卡，在"填充"位置选择"蓝色，个性色1，淡色60%"，如图1-23所示，单击"确定"按钮。

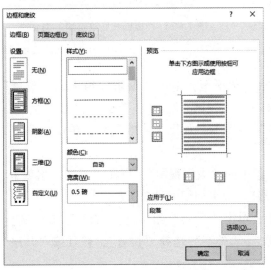
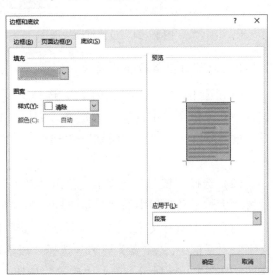

图1-22 设置边框

图1-23 设置底纹

（2）选择"开始"选项卡，双击"剪贴板"组中的"格式刷"，然后把相应文字刷成与"1、吃汤圆"相一致的格式，再单击"格式刷"（或者按 Esc 键）取消。

（3）再次打开"边框和底纹"对话框，选择"页面边框"选项卡，选择"方框"，"艺术型"选择 ，如图 1-24 所示。单击"选项"按钮，弹出"边框和底纹选项"对话框，上下左右四个"边距"分别设置为"20 磅"，"测量基准"为"页边"，如图 1-25 所示。单击"确定"按钮。

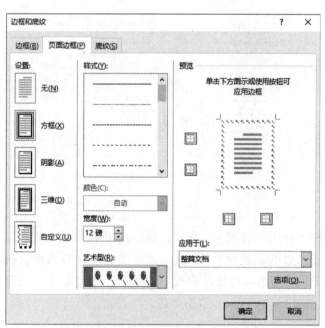

图 1-24 设置页面边框

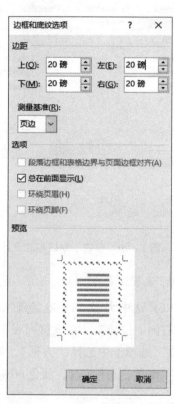

图 1-25 "边框和底纹选项"对话框

10. 对节日习俗按拼音排序。

（1）选中文字"1、吃汤圆"，选择"开始"选项卡，单击"编辑"组中的"选择"按钮，在下拉菜单中选择"选定格式类似的文本（无数据）（S）"；单击"段落"组中右下角 按钮，在"大纲级别"中选择"1 级"选项卡，如图 1-26 所示，单击"确定"按钮。

（2）选择"视图"选项卡，单击"视图"组中的"大纲视图"；选择"大纲"选项卡，设置"大纲工具"组中的"显示级别"为"1 级"，效果如图 1-27 所示。

（3）选中所有文字，选择"开始"选项卡，单击"段落"组中的"排序"，在"排序文字"对话框中，"主要关键字"选择"段落数"，"类型"选择"拼音"，并且按"升序"排序，如图 1-28 所示，单击"确定"按钮。

图1-26 设置大纲级别

图1-27 显示"1级"大纲视图

(4) 选择"大纲"选项卡,单击"关闭大纲视图"。

11. 设置制表位。

(1) 选中文字"中国传统节日"后面的所有段落。

(2) 选择"开始"选项卡,单击"编辑"组中的"替换"命令,打开"查找和替换"对话框。

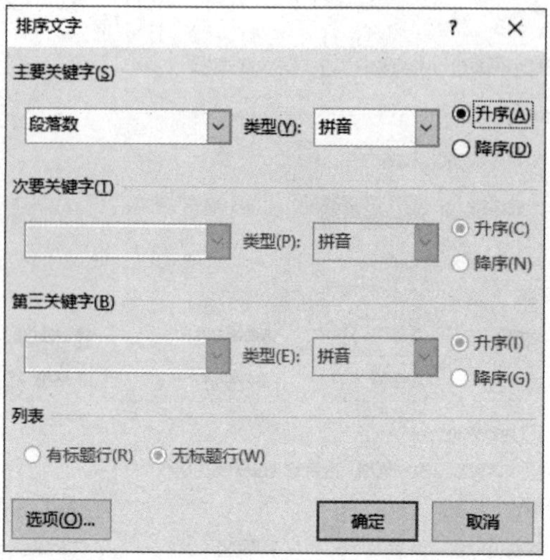

图1-28 "排序文字"对话框

在"查找内容"文本框中输入要查找的内容":";将光标定位在"替换为"文本框中,单击"更多"命令按钮,单击"特殊格式",如图1-29所示,选择"制表符"。单击"全部替换"命令按钮,实现全部自动替换,并弹出"是否搜索文档的其余部分"对话框,单击"否"按钮,结束替换。单击右上角的"关闭"按钮。

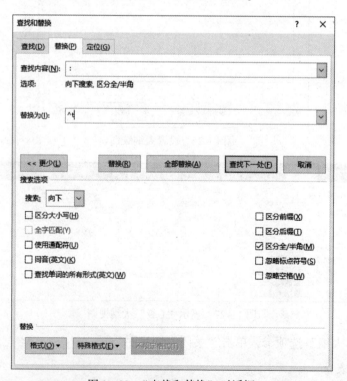

图1-29 "查找和替换"对话框

(3)选择"开始"选项卡,单击"段落"组中右下角的按钮,弹出"段落"对话框。单击"制表位"按钮,在"制表位"对话框中设置两个制表位,分别为"2字符,左对齐,无前导符"和"28 字符,右对齐,第二个样式的前导符"。具体方法如下:在"制表位位置"输入"2",在"对齐方式"中选择"左对齐",在"前导符"中选择"1 无(1)",单击"设置"按钮。第二个制表位的设置方法与第一个相同,设置后的"制表位"对话框如图 1-30 所示。单击"确定"按钮。

(4) 选中文字"新年",选择"开始"选项卡,单击"编辑"组中的"选择",在下拉菜单中选择"选定格式类似的文本(S)";单击"段落"组中的"分散对齐"按钮,弹出"调整宽度"对话框,如图 1-31 所示,按照默认值,单击"确定"按钮。

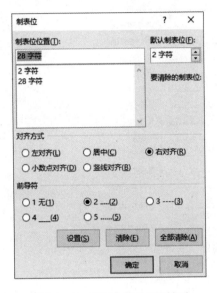

图 1-30 "制表位"对话框

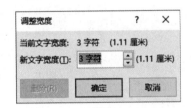

图 1-31 "调整宽度"对话框

(5) 单击"段落"组中的"显示/隐藏编辑标记"(Ctrl + *),显示"制表位"标记,设置后的文本效果如图 1-32 所示。

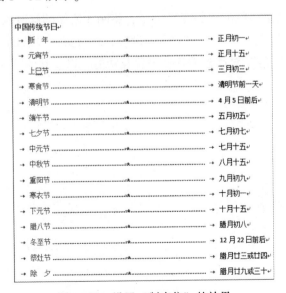

图 1-32 设置"制表位"的效果

12. 设置编号。

选中文字“元宵节”，选择“开始”选项卡，单击“编辑”组中的“选择”，在下拉菜单中选择“选定格式类似的文本（S）”；单击“段落”选项区域中的“编号”按钮，即可得到默认的编号格式。设置后的文本效果如图 1－33 所示。

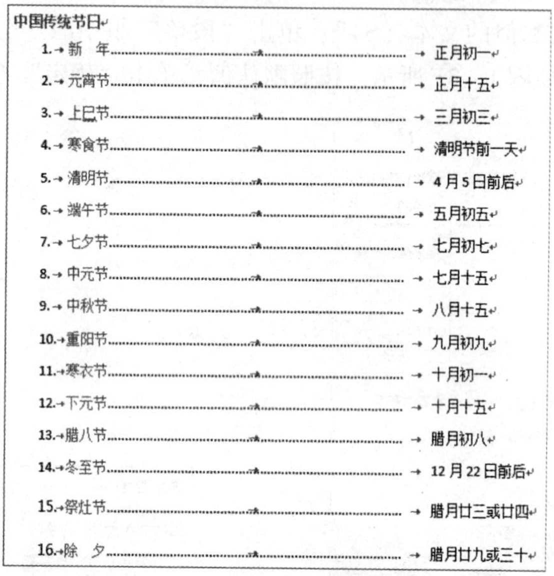

中国传统节日

1. 新　年……正月初一
2. 元宵节……正月十五
3. 上巳节……三月初三
4. 寒食节……清明节前一天
5. 清明节……4 月 5 日前后
6. 端午节……五月初五
7. 七夕节……七月初七
8. 中元节……七月十五
9. 中秋节……八月十五
10. 重阳节……九月初九
11. 寒衣节……十月初一
12. 下元节……十月十五
13. 腊八节……腊月初八
14. 冬至节……12 月 22 日前后
15. 祭灶节……腊月廿三或廿四
16. 除　夕……腊月廿九或三十

图 1－33　设置“编号”的效果

操作提示：

设置“编号”时，选择“开始”选项卡，在“段落”选项区域中单击“编号”按钮的下拉箭头，选择相应的编号方式，或者选择“定义新编号格式”设置相应选项。

13. 保存文档。

选择“文件”选项卡，单击“保存”命令，将刚才所做的修改保存到文档中。

【项目总结】本项目主要是针对纯文本的设置，练习页面设置的方法、“文字”对话框的各项设置及功能，“段落”对话框的各项设置及功能，以及其他常用的格式设置。

项目 3
制作表格

基本信息	姓名		学号		班级		总评成绩	
	规定时间	60 min	完成时间		考核日期			

	序号	步骤	完成情况			标准分	评分
			完成	基本完成	未完成		
任务工单	1	制作表格				10	
	2	表格格式设置				20	
	3	文本转换为表格				10	
	4	表格中使用公式计算				20	
	5	表格数据的排序				10	
	6	"域"的使用				10	
	7	依据表格数据生成图表				10	
操作规范性						5	
安全						5	

【项目目标】

目标 1：制作如图 1-34 所示的表格。

目标 2：将如图 1-35 所示的素材转换成图 1-36 所示的表格。

【项目分析】 本项目要求完成表格的制作，并且按照要求将已有的文档转换为表格，然后进行排版设置，最后保存文档。

【知识准备】 掌握制作表格的方法、表格格式设置、文本转换为表格的方法、表格中使用公式计算、表格数据的排序、"域"的使用，依据表格数据生成图表。

篮球俱乐部会员入会申请表

<table>
<tr><td>姓名</td><td></td><td>性别</td><td></td><td colspan="2" rowspan="3"></td></tr>
<tr><td>年龄</td><td></td><td>民族</td><td></td></tr>
<tr><td>身份证号码</td><td colspan="3"></td></tr>
<tr><td colspan="5">身体情况</td><td></td></tr>
<tr><td>身高（厘米）</td><td>体重（公斤）</td><td>特长</td><td>衣码</td><td>鞋码</td><td>健康情况</td></tr>
<tr><td></td><td></td><td></td><td></td><td></td><td></td></tr>
<tr><td colspan="6">联系方式</td></tr>
<tr><td>电话</td><td></td><td>微信</td><td></td><td>邮箱</td><td></td></tr>
<tr><td>家庭住址</td><td colspan="5"></td></tr>
<tr><td>参加篮球活动经历</td><td colspan="5"></td></tr>
</table>

本人同意并履行《篮球俱乐部规程》条款，自愿申请。

申请人：

年　月　日

图 1－34　“篮球俱乐部会员入会申请表”效果

序号	姓名	数学	语文	计算机	总分	名次
1	赵羽丰	87	79	88		
2	张雅亮	74	65	79		
3	刘若雨	69	88	75		
4	张雅静	100	89	91		
5	赵弈鸣	89	90	55		
6	孙惠茜	76	80	63		
7	周依娜	54	68	80		
8	吴彬彬	67	85	89		
9	刘浩初	55	79	70		
10	陈欢馨	78	80	85		
11	杨诗琪	85	89	81		
12	赵承德	80	90	90		
13	沈博文	85	70	78		
14	周玥婷	88	77	79		
15	王欣妍	73	66	88		
平均分						
人数						
最高分						
最低分						

图 1－35　“素材”原始文件

学生成绩表

序号	姓名	数学	语文	计算机	总分	名次
1	赵羽丰	87	79	88	254	4
2	张雅亮	74	65	79	218	13
3	刘若丽	69	88	75	232	10
4	张雅静	100	89	91	280	1
5	赵弈鸣	89	90	55	234	8
6	孙惠茜	76	80	63	219	12
7	周依娜	54	68	80	202	15
8	吴彬彬	67	85	89	241	7
9	刘浩初	55	79	70	204	14
10	陈欢聚	78	80	85	243	6
11	杨诗琪	85	89	81	255	3
12	赵承德	80	90	90	260	2
13	沈博文	85	70	78	233	9
14	周玥婷	88	77	79	244	5
15	王欣妍	73	66	88	227	11
平均分		77.3	79.7	79.4		
人数						15
最高分		100	90	91		
最低分		54	65	55		

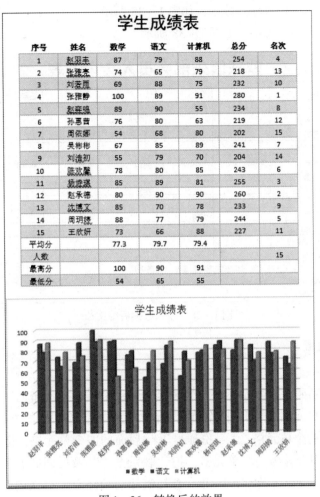

图1－36　转换后的效果

视频1－3
制作表格1

【项目实施】

目标1：

1. 建立一个新文档，设置标题“篮球俱乐部会员入会申请表”。

启动Word 2010，创建新文档，在文档第一行输入文字“篮球俱乐部会员入会申请表”，并设置为“黑体”“二号”“居中”，段后0.5行。

2. 插入一个6列10行的表格，并输入数据。

（1）选择“插入”选项卡，单击“表格”组中的“表格”命令，在下拉菜单中选择“插入表格”，打开“插入表格”对话框，将列数设为6，行数设为10，如图1－37所示，单击“确定”按钮，这样就在文档中插入一个6列10行的表格。

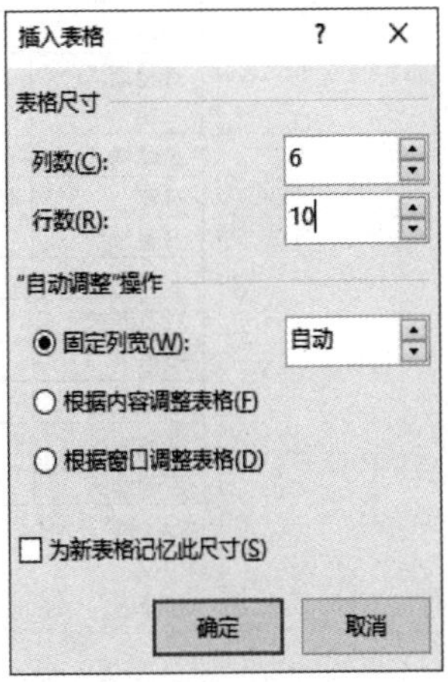

图1－37　“插入表格”对话框

（2）在表格的相应位置输入数据，如图 1－38 所示。

（3）在表格下面输入文字，如图 1－38 所示。

篮球俱乐部会员入会申请表

姓名		性别			贴照片处
年龄		民族			
身份证号码					
身体情况					
身高（厘米）	体重（公斤）	特长	衣码	鞋码	健康情况
联系方式					
电话		微信		邮箱	
家庭住址					
参加篮球活动经历					

本人同意并履行《篮球俱乐部规程》条款，自愿申请。
申请人：
年月日

图 1－38　输入数据后的文档

3. 表格格式设置。

（1）合并单元格。

选中单元格“贴照片处”及下面三个连续的单元格，选择“布局”选项卡，单击“合并”组中的“合并单元格”，即把四个单元格合并为一个。用同样的方法分别合并“性别”和“民族”后面的两个单元格、“身份证号码”后面的四个单元格，把“身体情况”及后面的四个单元格共同合并为一个单元格，把“联系方式”及后面的五个单元格共同合并为一个单元格，分别合并“家庭住址”和“参加篮球活动经历”后面的五个单元格。合并后如图 1－39 所示。

篮球俱乐部会员入会申请表

<table>
<tr><td>姓名</td><td></td><td>性别</td><td colspan="2"></td><td rowspan="4">贴照片处</td></tr>
<tr><td>年龄</td><td></td><td>民族</td><td colspan="2"></td></tr>
<tr><td>身份证号码</td><td colspan="4"></td></tr>
<tr><td colspan="5">身体情况</td></tr>
<tr><td>身高（厘米）</td><td>体重（公斤）</td><td>特长</td><td>衣码</td><td>鞋码</td><td>健康情况</td></tr>
<tr><td></td><td></td><td></td><td></td><td></td><td></td></tr>
<tr><td colspan="6">联系方式</td></tr>
<tr><td>电话</td><td></td><td>微信</td><td></td><td>邮箱</td><td></td></tr>
<tr><td>家庭住址</td><td colspan="5"></td></tr>
<tr><td>参加篮球活动经历</td><td colspan="5"></td></tr>
</table>

本人同意并履行《篮球俱乐部规程》条款，自愿申请。
申请人：
年月日

图 1－39　合并单元格后的文档

（2）设置表格字体。

单击表格左上方的“⊞”，选中整个表格，选择“开始”选项卡，设置字体为“宋体”，字号为“小四”。

（3）设置单元格格式。

选中单元格中的文字，选择“布局”选项卡，单击“对齐方式”组中的“水平居中”。

（4）调整表格大小。

将光标定位在表格的最下边框上，拖动鼠标，调整单元格到合适大小。拖动表格右下方的“□”，把表格调整为合适的大小。选中前9行，选择“布局”选项卡，单击“单元格大小”组中的“分布行”。选中左上角八个单元格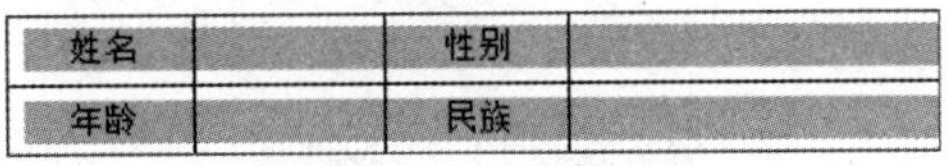

姓名		性别	
年龄		民族	

，选择“布局”选项卡，单击“单元格大小”组中的“分布列”。调整“身份证号码”单元格大小。效果如图1－40所示。

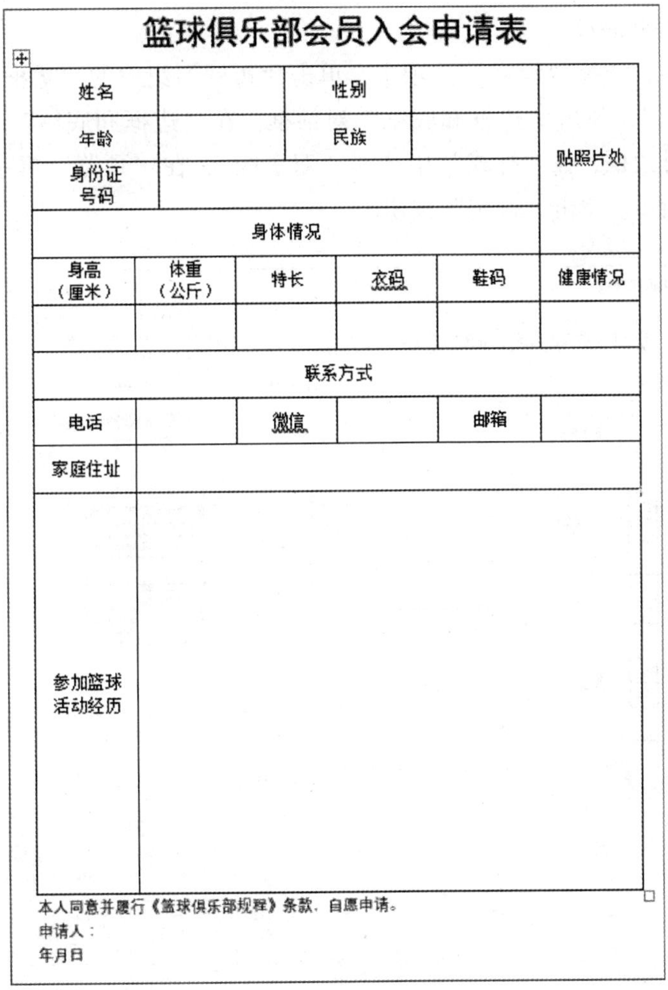

篮球俱乐部会员入会申请表

<table>
<tr><td>姓名</td><td></td><td>性别</td><td></td><td colspan="2" rowspan="4">贴照片处</td></tr>
<tr><td>年龄</td><td></td><td>民族</td><td></td></tr>
<tr><td>身份证号码</td><td colspan="3"></td></tr>
<tr><td colspan="4">身体情况</td></tr>
<tr><td>身高（厘米）</td><td>体重（公斤）</td><td>特长</td><td>衣码</td><td>鞋码</td><td>健康情况</td></tr>
<tr><td></td><td></td><td></td><td></td><td></td><td></td></tr>
<tr><td colspan="6">联系方式</td></tr>
<tr><td>电话</td><td></td><td>微信</td><td></td><td>邮箱</td><td></td></tr>
<tr><td>家庭住址</td><td colspan="5"></td></tr>
<tr><td>参加篮球活动经历</td><td colspan="5"></td></tr>
</table>

本人同意并履行《篮球俱乐部规程》条款，自愿申请。

申请人：

年月日

图1－40 调整后的文档

(5) 拆分单元格。

选中"身份证号码"右边的一个单元格,选择"布局"选项卡,单击"合并"组中的"拆分单元格",弹出"拆分单元格"对话框,在"列数"中输入"18","行数"中输入"1",如图1-41所示,单击"确定"按钮。拆分后的格式如图1-42所示。

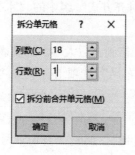

图1-41 "拆分单元格"对话框

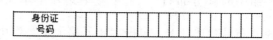

图1-42 拆分后的单元格

(6) 设置边框和底纹。

选中整个表格,选择"设计"选项卡,单击"边框"组中的"边框",在下拉菜单中选择"边框和底纹",弹出"边框和底纹"对话框。在"边框和底纹"对话框的"预览"框中去掉表格的外边框,在"样式"中选择"双实线",在"预览"框中给表格加上外边框,如图1-43所示。单击"确定"按钮。

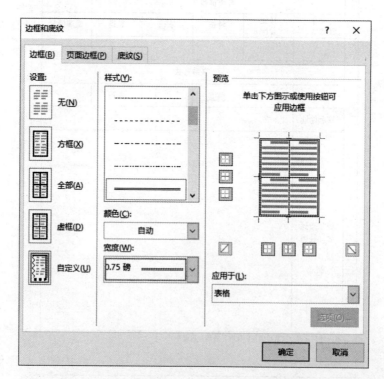

图1-43 "边框和底纹"对话框中的"边框"选项卡

> **温馨提示**
> 设置边框时,在"预览"框中可以单击边框线,也可以单击相应的命令按钮进行设置。

(7) 选中"身体情况"单元格,选择"设计"选项卡,单击"表格样式"组中的"底纹",在列表中选择"白色,背景1,深色35%"。用同样的方法设置"联系方式"单元格。效果如图1-44所示。

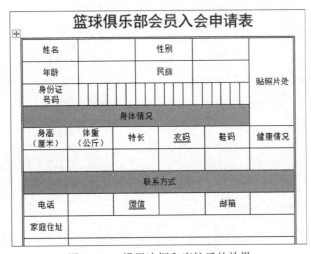

图1-44 设置边框和底纹后的效果

(8) 插入"图片内容控件"。

删除文字"贴照片处",选择"开发工具"选项卡,单击"控件"组中的"图片内容控件",在相应位置处即可插入"图片内容控件",调整大小,效果如图1-45所示。

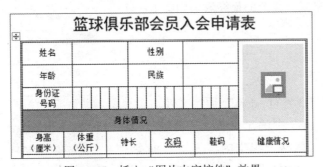

图1-45 插入"图片内容控件"效果

> **温馨提示**
> 如果找不到"开发工具"选项卡,单击"文件"菜单,选择"选项"菜单项,再选择"自定义功能区",勾选"开发工具"复选框即可,如图1-46所示。

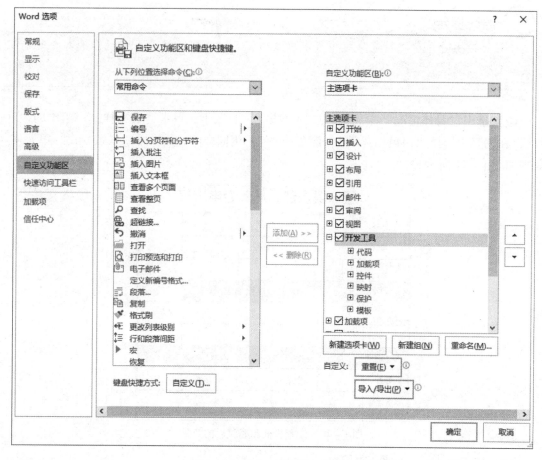

图 1-46 "Word 选项"对话框

（9）设置表格下方文字格式："宋体""小四"，段前段后"0.5"行，"申请人"和日期右对齐，且调整格式，文档的最终效果如图 1-34 所示。

目标 2：

1. 文本转换为表格。

（1）打开"项目 3 素材.docx"原始文件。

（2）选中图 1-35 中的全部内容，选择"插入"选项卡，单击"表格"组中的"表格"命令，在下拉菜单中选择"文本转换成表格"，打开"将文字转换成表格"对话框，将列数设为 7，"'自动调整'操作"设置为固定列宽，大小为"自动"，选中单选按钮"文字分隔位置"中的"制表符"，如图 1-47 所示，单击"确定"按钮，这样就把文字转换成了表格，效果如图 1-48 所示。

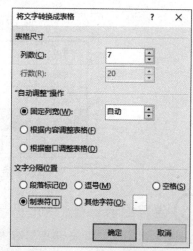

图 1-47 "将文字转换成表格"对话框

序号	姓名	数学	语文	计算机	总分	名次
1	赵羽丰	87	79	88		
2	张雅亮	74	65	79		
3	刘若雨	69	88	75		
4	张雅静	100	89	91		
5	赵弈鸣	89	90	55		
6	孙惠茜	76	80	63		
7	周依娜	54	68	80		
8	吴彬彬	67	85	89		
9	刘浩初	55	79	70		
10	陈欢馨	78	80	85		
11	杨诗琪	85	89	81		
12	赵承德	80	90	90		
13	沈博文	85	70	78		
14	周玥婷	88	77	79		
15	王欣妍	73	66	88		
平均分						
人数						
最高分						
最低分						

图 1－48　文本转换成表格效果

视频 1－4
制作表格 2

（3）输入表格标题。

将光标定位在第一行第一列文字“序号”前，按下 Enter 键，即在表格上方出现一空行，输入文字“学生成绩表”，设置格式为“黑体”“二号”，以及段后“0.5 磅”“居中”，效果如图 1－49 所示。

学生成绩表

序号	姓名	数学	语文	计算机	总分	名次
1	赵羽丰	87	79	88		
2	张雅亮	74	65	79		

图 1－49　表格标题效果

（4）设置表格属性。

选中表格，选择“布局”选项卡，单击“表”组中的“属性”命令，弹出“表格属性”对话框。在“表格属性”对话框中选择“表格”选项卡，选中“指定宽度”复选框，设置“度量单位”为“百分比”，设置“指定宽度”为“90%”，设置“对齐方式”为“居中”，如图 1－50 所示，单击“确定”按钮。

（5）套用表格样式。

选中表格，选择“设计”选项卡，单击“表格样式”组中的“网格表 3－着色 5”样式，并在“表格样式选项”组中只选中“标题行”“镶边行”复选框，取消“第一列”复选框，如图 1－51 所示。设置后的效果如图 1－52 所示。

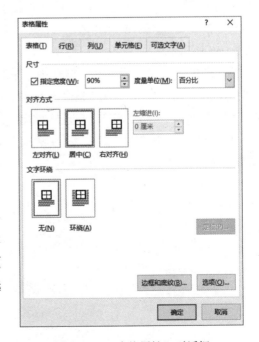

图 1－50　“表格属性”对话框

图1-51 表格样式设置

图1-52 效果

2. 计算单科平均分及每个人的总分。

（1）在计算时，Word规定表格中的列用英文字母A，B，C，D，…表示，行用阿拉伯数字1，2，3，4，…表示。计算单科"数学"的平均分，先把光标插入表的单元格C17中，选择"布局"选项卡，单击"数据"组中的"公式"，弹出"公式"对话框，如图1-53所示。

（2）在"公式"下方的文本框中，默认显示的是"=SUM（ABOVE）"，参数ABOVE：（表示位置）在……正上方。整个函数表示对本单元格上方的单元格中的数值求和，而题目要计算平均分，可将"SUM"通过键盘改为"AVERAGE"，即在"公式"的文本框中输入"=AVERAGE（ABOVE）"，"编号格式"输入"0.0"，如图1-54所示，单击"确定"按钮。

图1-53 "公式"对话框

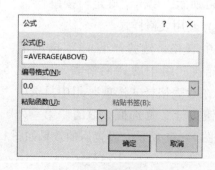
图1-54 计算平均分1

(3) 求"语文"平均分时，将"公式"文本框中原来的函数删除，保留"="，然后单击"粘贴函数"下拉列表，选择"AVERAGE"，在函数的括号中输入参数"D2:D16"，"编号格式"输入"0.0"，如图1-55所示，单击"确定"按钮。用同样的方法计算出"计算机"的平均分。

(4) 计算"赵羽丰"的总分，把光标插入表的单元格F2中，选择"布局"选项卡，单击"数据"组中的"公式"命令，弹出"公式"对话框，如图1-56所示。在"公式"下方的文本框中，默认显示的是"=SUM(LEFT)"，参数LEFT表示"左边的"。整个函数表示对本单元格左边的单元格中的数值求和，恰好与题目要求相符，可直接单击"确定"按钮。

图1-55　计算平均分2

图1-56　计算总分1

(5) 求"张雅亮"的总分时，将"公式"文本框中原来的参数"ABOVE"删除，然后输入"C3:E3"，如图1-57所示，单击"确定"按钮。

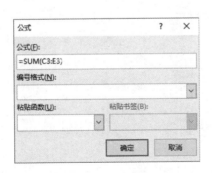

图1-57　计算总分2

(6) 求"刘若雨"的总分，把光标插入表的单元格F4中，选择"插入"选项卡，单击"文本"组中的"文档部件"，在下拉菜单中选择"域"，弹出"域"对话框，如图1-58所示。在"域"对话框中单击"公式"按钮，弹出"公式"对话框，把"公式"中的参数"ABOVE"改成"LEFT"，单击"确定"按钮。

(7) 将光标插入表的单元格E5中，按下键盘F4键，即可得到"张雅静"的总分。用同样的方法求出其他同学的总分，结果如图1-59所示。

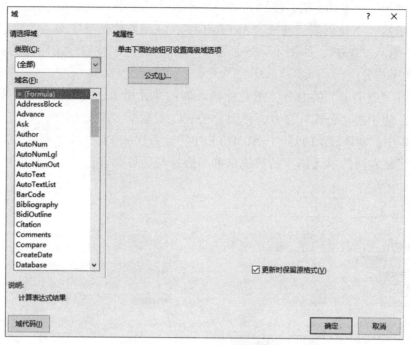

图 1-58 “域”对话框

学生成绩表

序号	姓名	数学	语文	计算机	总分	名次
1	赵羽丰	87	79	88	254	
2	张雅亮	74	65	79	218	
3	刘若雨	69	88	75	232	
4	张雅静	100	89	91	280	
5	赵森鸣	89	90	55	234	
6	孙惠茜	76	80	63	219	
7	周依娜	54	68	80	202	
8	吴彬彬	67	85	89	241	
9	刘浩初	55	79	70	204	
10	陈欢馨	78	80	85	243	
11	杨诗琪	85	89	81	255	
12	赵承德	80	90	90	260	
13	沈博文	85	70	78	233	
14	周玥婷	88	77	79	244	
15	王欣妍	73	66	88	227	
平均分		77.3	79.7	79.4		
人数						
最高分						
最低分						

图 1-59 计算总分和平均分后的“成绩表”

3. 按总分降序排列，设置名次。

（1）将光标插入要排序的表格中。选择“布局”选项卡，单击“数据”组中的“排序”，打开“排序”对话框，在“主要关键字”下拉列表中选择“总分”，在“类型”下拉列表中选择“数字”，并选择“降序”单选按钮，如图 1-60 所示。单击“确定”按钮，完成排序过程。

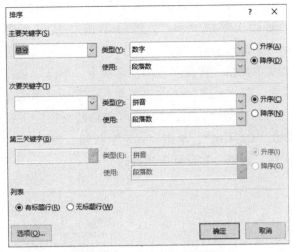

图 1-60 "排序"对话框

（2）光标定位在 G2 单元格，选择"插入"选项卡，单击"文本"组中的"文档部件"，在下拉菜单中选择"域"，弹出"域"对话框，如图 1-61 所示。在"域名"列表中选择"AutoNum"，在格式中选择"1，2，3，…"，如图 1-61 所示。单击"确定"按钮，即可填入名次"1"。然后将光标定位到 G3 单元格，按下 F4 键，即可填入名次"2"。用同样的方法填入其他名次。

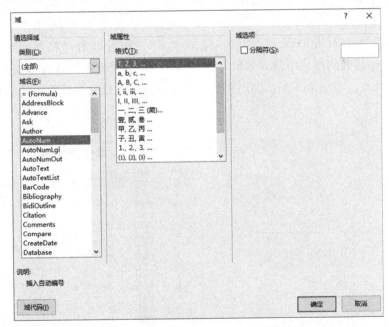

图 1-61 域名"AutoNum"对话框

（3）选中第 1~16 行，重新按"序号"升序排序。

4. 计算人数、单科最高分与最低分。

（1）将鼠标插入 G18 单元格，选择"布局"选项卡，单击"数据"组中的"公式"，弹出“公式”对话框，在“公式”下方的文本框中，默认显示的是“＝SUM(ABOVE)”，将“SUM（ABOVE）”删除，保留“＝”，然后单击“粘贴函数”下拉列表，选择“COUNT”，在函数的括号中输入参数“G2:G16”，单击“确定”按钮，如图1－62所示。

（2）将鼠标插入C19单元格，选择“布局”选项卡，单击“数据”组中的“公式”按钮，弹出“公式”对话框，在“公式”下方的文本框中默认显示的是“＝SUM(ABOVE)”，将“SUM(ABOVE)”删除，保留“＝”，然后单击“粘贴函数”下拉列表，选择“MAX”，在函数的括号中输入参数“C2:C16”，单击“确定”按钮，如图1－63所示。用同样的方法计算出D19和E19单元格，即语文和计算机的最高分。

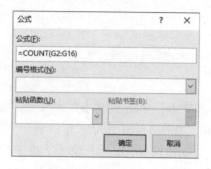

图1－62　计算总人数

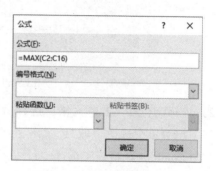

图1－63　计算数学最高分

（3）将鼠标插入C20单元格，选择“布局”选项卡，单击“数据”组中的“公式”按钮，弹出“公式”对话框，在“公式”下方的文本框中，默认显示的是“＝SUM(ABOVE)”，将“SUM(ABOVE)”删除，保留“＝”，然后单击“粘贴函数”下拉列表，选择“MIN”，在函数的括号中输入参数“C2:C16”，单击“确定”按钮，如图1－64所示。用同样的方法计算出D20和E20，即语文和的最计算机的最低分。计算后的表格如图1－65所示。

图1－64　计算数学最低分

学生成绩表

序号	姓名	数学	语文	计算机	总分	名次
4	张雅静	100	89	91	280	1
12	赵承德	80	90	90	260	2
11	杨诗琪	85	89	81	255	3
1	赵羽圭	87	79	88	254	4
14	周玥婷	88	77	79	244	5
10	陈欢馨	78	80	85	243	6
8	吴彬彬	67	85	89	241	7
5	赵森鸣	89	90	55	234	8
13	沈博文	85	70	78	233	9
3	刘若雨	69	88	75	232	10
15	王欣妍	73	66	88	227	11
6	孙惠茜	76	80	63	219	12
2	张雅亮	74	65	79	218	13
9	刘浩初	55	79	70	204	14
7	周依娜	54	68	80	202	15
平均分		77.3	79.7	79.4		
人数						15
最高分		100	90	91		
最低分		54	65	55		

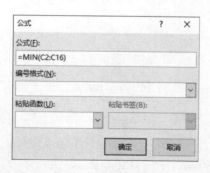

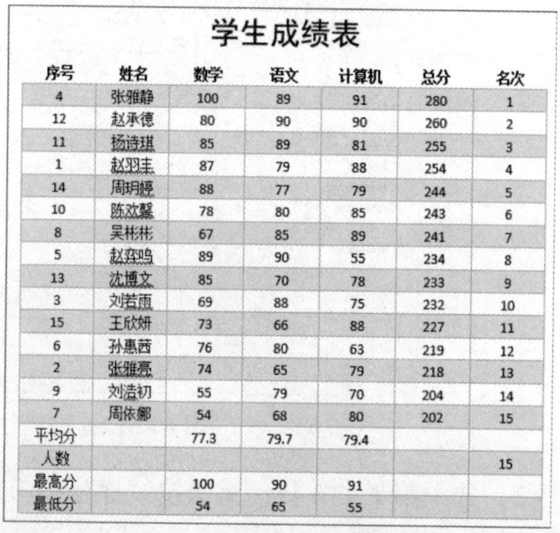

图1－65　计算后的表格效果

5. 依据表格数据生成数据柱形图图表。

（1）将光标定位到插入图标的位置，选择"插入"选项卡，单击"插图"组中的"图表"，弹出"插入图表"对话框，选择"柱形图"中的"三维簇状柱形图"，如图1-66所示。单击"确定"按钮，生成的图表及Excel文档如图1-67所示。

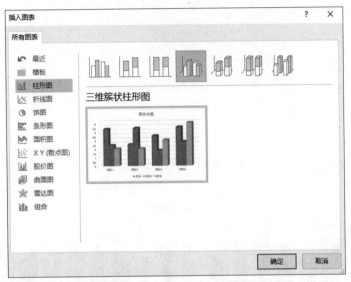

图1-66 "插入图表"对话框

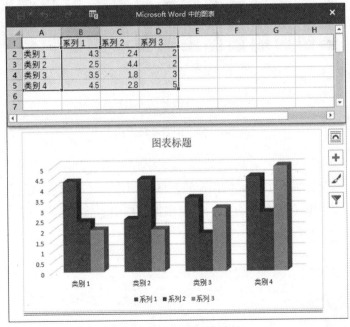

图1-67 生成图表效果

（2）把原始表格的15名同学的成绩相应的数据复制到图中右侧的Excel窗口中，如图1-68所示，然后将Excel窗口关闭。生成的图表效果图如图1-69所示。

	A	B	C	D	E	F
1	姓名	数学	语文	计算机		
2	赵羽丰	87	79	88		
3	张雅亮	74	65	79		
4	刘若雨	69	88	75		
5	张雅静	100	89	91		
6	赵弈鸣	89	90	55		
7	孙惠茜	76	80	63		
8	周依娜	54	68	80		
9	吴彬彬	67	85	89		
10	刘浩初	55	79	70		
11	陈欢馨	78	80	85		
12	杨诗琪	85	89	81		
13	赵承德	80	90	90		
14	沈博文	85	70	78		
15	周玥婷	88	77	79		
16	王欣妍	73	66	88		
17						
18						

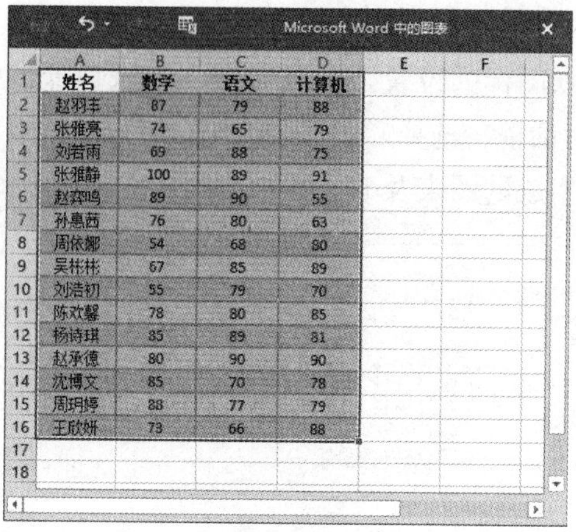

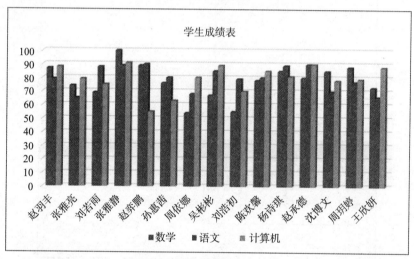

图 1－68　复制后的 Excel 表格

（3）关闭 Excel 文件，在 Word 中调整图表的大小，效果如图 1－69 所示。

图 1－69　图表最终效果

6. 保存文档。

【项目总结】 本项目练习了 Word 2016 的表格的创建，文字与表格之间的转换，表格样式、表格属性的设置，函数的使用方法，以及根据表格中的数据建立图表。

项目 4

绘制图形

基本信息	姓名		学号		班级		总评成绩	
	规定时间	60 min	完成时间		考核日期			

	序号	步骤	完成情况			标准分	评分
			完成	基本完成	未完成		
任务工单	1	绘制图形工具绘制图形				30	
	2	组合与取消组合				10	
	3	多个图形之间的叠放次序				10	
	4	页面边框和背景图案的设置				10	
	5	文本框及文本框的链接				10	
	6	设置图片				10	
	7	设置艺术字				10	
操作规范性						5	
安全						5	

【项目目标】

目标1：

绘制图形，制作完成图1-70所示的图形。

目标2：

板报制作，通过对"项目4素材.docx"原始文档的编辑，形成图1-71所示的文档。

【项目分析】本项目要求利用 Word 2016 建立新文档，然后绘制图形，对图形设置，最终完成图形绘制和板报制作。

【知识准备】使用绘制图形工具绘制图形，设置多个图形之间的叠放次序、组合与取消组合的使用方法，页面边框和背景图案的设置，图片、艺术字、文本框、文本框的链接。

图1-70 绘制图形的效果

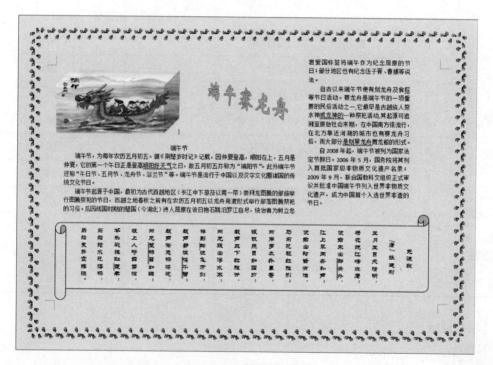

图1-71 板报制作效果

【项目实施】

目标1：

1. 新建一个Word文件。

2. 设置纸张大小和页边距：

设置纸张大小为A4（21厘米×29.7厘米），纸张方向为横向，页边距设置为默认。

视频1-5
图形绘制1

3. 页面设置。

(1) 选择"设计"选项卡,单击"页面背景"组中的"页面颜色",在下拉菜单的"主题颜色"中选择"金色,个性色4,淡色80%"。

(2) 单击"页面背景"组中的"页面边框",弹出"边框和底纹"对话框,选择"页面边框"选项卡,在"设置"选项中选择"方框","样式"选择"双实线",颜色为"蓝-灰,文字2,淡色40%","宽度"选"3.0磅",如图1-72所示,单击"确定"按钮。

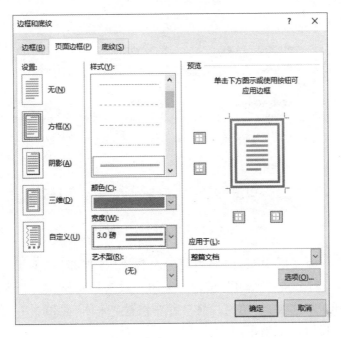

图1-72 "边框和底纹"对话框

4. 绘制竖卷形。

(1) 选择"插入"选项卡,单击"插图"组中的"形状",选择"星与旗帜"组中的"竖卷形",拖动鼠标绘制图形。

(2) 选择"格式"选项卡,在"大小"组中输入高"6.5厘米"、宽"6厘米"。

(3) 在"形状样式"组中选择样式"细微效果-绿色,强调颜色6";单击"形状效果",在下拉菜单中选择"阴影"菜单项,在"外部"组中选择"向上偏移";选择"三维旋转"菜单项,在"透视"组中选择"右向对比透视"。

(4) 在"排列"组中选择"位置",在下拉菜单中选择"其他布局选项",弹出"布局"对话框,设置水平绝对位置"-0.5厘米","右侧"为"栏",垂直绝对位置"-0.5厘米","下侧"为"段落",如图1-73所示。

(5) 在图形上单击鼠标右键,选择"添加文字",输入文字"引入"。选择"格式"选项卡,在"文本"组中设置"文字方向"为"垂直";单击"艺术字样式"组中右下角的按钮,弹出"设置形状格式"任务窗格。选择"布局属性"图标按钮,设置"文本框"

图 1-73 "布局"对话框

的"垂直对齐方式"为"居中",内部边距为左右"1.5 厘米",上下"0.13 厘米",如图 1-74 所示。单击右上角"关闭"按钮,关闭"设置形状格式"任务窗格。选中文字"引入",选择"开始"选项卡,在"字体"组中设置"宋体""30 号""加粗",字体颜色为"紫色"。效果如图 1-75 所示。

图 1-74 "设置形状格式"任务窗格　　　图 1-75 绘卷竖卷形效果

5. 绘制文本框。

(1) 选择"插入"选项卡,单击"文本"组中的"文本框",在下拉菜单中选择"绘制文本框",拖动鼠标绘制文本框。

(2) 在文本框中输入文字"你喜欢哪个组合图形?它是由哪些简单的图形组成的?"。

(3) 选中文字,选择"格式"选项卡,在"艺术字样式"组中单击"文本填充",选择"蓝-灰,文字2,深色50%"。选择"开始"选项卡,在"字体"组中设置"华文新魏""一号"。

(4) 选择"格式"选项卡,在"形状样式"组中单击"形状填充",选择"无填充颜色";单击"形状轮廓",选择主题颜色为"无轮廓",调整适当的大小和位置。

6. 绘制小房子。

(1) 绘制矩形,在"格式"选项卡中设置:在"大小"组中输入高"4厘米"、宽"8厘米";单击"形状样式"组中的"形状填充",选择"纹理"组中的"纸莎草纸";单击"形状效果",在"阴影"菜单项中选择"内部"组中的"内部居中",调整位置。

(2) 绘制梯形,在"格式"选项卡中设置:在"大小"组中输入高"3厘米"、宽"10厘米";单击"插入形状"组中的"编辑形状",在下拉菜单中选择"编辑顶点",梯形的顶点出现可编辑状态,调整顶点位置;单击"形状效果",在"阴影"菜单项中选择"内部"组中的"内部居中",再调整位置。

(3) 绘制圆柱形,在"格式"选项卡中设置:在"大小"组中输入高"2.6厘米"、宽"1.1厘米";单击"形状样式"组中的"形状填充",选择"标准色"组中的"浅绿";单击"形状效果",在"阴影"菜单项中选择"内部"组中的"内部居中",调整位置。

(4) 绘制窗户。

绘制正方形,在"格式"选项卡中设置:在"大小"组中输入高"1厘米"、宽"1厘米";在"形状样式"组中选择单击"形状填充",选择"标准色"组中的"浅绿"。再复制三个正方形,调整四个正方形位置。

(5) 绘制门。

绘制矩形,在"格式"选项卡中设置:在"大小"组中输入高"2.5厘米"、宽"1.5厘米";单击"形状样式"组中的"形状填充",选择"标准色"组中的"浅绿"。调整位置。

绘制圆形,在"格式"选项卡中设置:在"大小"组中输入高"0.5厘米"、宽"0.5厘米"。调整位置。

(6) 组合图形。

按住Ctrl键,鼠标依次单击上面绘制的图形,选择"绘图工具格式"选项卡,单击"排列"组中的"组合",在下拉菜单中单击"组合",即可把小房子组合成一个图形。

(7) 移动位置。

选择"绘图工具格式"选项卡,单击"排列"组中的"位置",在下拉菜单中选择"其他布局选项",弹出"布局"对话框,设置水平绝对位置"1厘米","右侧"为"栏",

垂直绝对位置"8厘米","下侧"为"段落"。效果如图1-76所示。

7. 绘制树。

(1) 绘制矩形,在"格式"选项卡中设置:在"大小"组中输入高"4厘米"、宽"0.8厘米";单击"形状样式"组中的"形状填充",选择"其他填充颜色",弹出"颜色"对话框,选择"自定义"选项卡,"颜色模式"选择"RGB","红色"输入"0","绿色"输入"150","蓝色"输入"0",如图1-77所示。

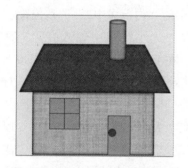

图1-76 移到位置效果

图1-77 "颜色"对话框

(2) 绘制三角形,三个三角形的颜色与树干长方形设置相同;单击"形状效果",在"阴影"菜单项中选择"内部"组中的"内部居中",在"发光"菜单项中选择"发光变体"组中的"绿色,8 pt发光,个性色6",大小自行调整。

(3) 组合图形。

把一个长方形和三个三角形组合成一个图形,调整位置。效果如图1-78所示。

8. 绘制云。

(1) 绘制云形,在"格式"选项卡中设置:在"形状样式"组中选择单击"形状填充",选择"主题颜色"组中的"白色,背景1"。调整位置。

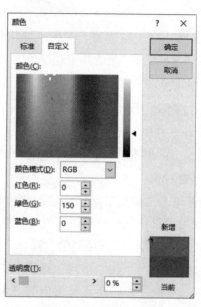

图1-78 组合图形

(2) 复制图形为两片云,并且组合,调整位置。

9. 绘制鸟。

(1) 绘制圆形,单击"形状样式"组中的"形状填充",选择"标准色"组中的"黄色",调整位置。

(2) 绘制椭圆形,在"格式"选项卡中设置:单击"形状样式"组中的"形状填充",

选择"标准色"组中的"黄色";在"排列"组中单击"下移一层",即椭圆形置于圆形下边,如图 1-79 所示。

(3) 依次画出一个圆形和五个三角形,并设置填充色,调整位置。

(4) 组合图形。

把两个圆形、一个椭圆形和五个三角形组合成一个图形,调整位置。效果如图 1-80 所示。

图 1-79　圆形与椭圆形的位置关系

图 1-80　绘制鸟效果

10. 保存文档。

目标 2:

1. 打开"项目 4 素材.docx"原始文件。

2. 设置页面。

视频 1-6
图形绘制 2

(1) 选择"布局"选项卡,单击"页面设置"组中的"纸张方向",在下拉列表框中选择"横向"。

(2) 选择"设计"选项卡,单击"页面背景"组中的"页面边框",弹出"边框和底纹"对话框,在"页面边框"选项卡中选择"方框",在"艺术型"列表框中选择 ,并设置宽度为"20 磅",如图 1-81 所示。

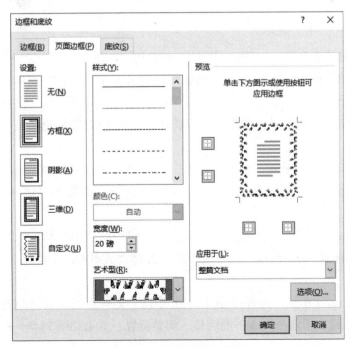

图 1-81　设置页面边框

(3)单击"页面背景"组中的"页面颜色",选择"主题颜色"中的"橄榄色,个性色3,淡色80%"。

3. 插入文本框。

(1)选中诗词《竞渡歌》,选择"插入"选项卡,单击"文本"组中的"文本框",在下拉列表中选择"绘制竖排文本框"。

(2)选择"格式"选项卡,单击"插入形状"组中的"编辑形状",在下拉菜单中选择"更改形状",在下拉菜单中选择"星与旗帜"组中的"横卷形"。在"格式"选项卡中设置高度为"5.5厘米",宽度为"24厘米"。

(3)选择"格式"选项卡,单击"形状样式"组中的"形状填充",选择"主题颜色"中的"橙色,个性色6,淡色80%"。

(4)选择"开始"选项卡,在"字体"组中设置字体为"华文隶书",字号为"小四",效果如图1-82所示。调整位置。

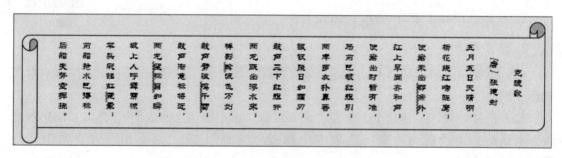

图1-82 "横卷形"文本框效果

4. 插入文本框,建立链接。

(1)选中文章《端午节》,选择"插入"选项卡,单击"文本"组中的"文本框",在下拉列表中选择"绘制文本框";选择"格式"选项卡,在"大小"组中设置高度为"5厘米",宽度为"15.5厘米"。

(2)选择"格式"选项卡,单击"形状样式"组中的"形状轮廓",选择"无轮廓"。调整位置。

(3)选择"插入"选项卡,单击"文本"组中的"文本框",在下拉列表中选择"绘制文本框",手动绘制文本框,并在"格式"选项卡中设置高度为"10厘米"、宽度为"7厘米"。

(4)选择"格式"选项卡,单击"形状样式"组中的"形状填充",选择"无填充颜色"。单击"形状样式"组中的"形状轮廓",选择"无轮廓"。调整位置。如图1-83所示。

(5)选择左侧的文本框,选择"格式"选项卡"文本"组中的"创建链接",单击右侧空的文本框,即建立了两个文本框的链接。调整位置。效果如图1-84所示。

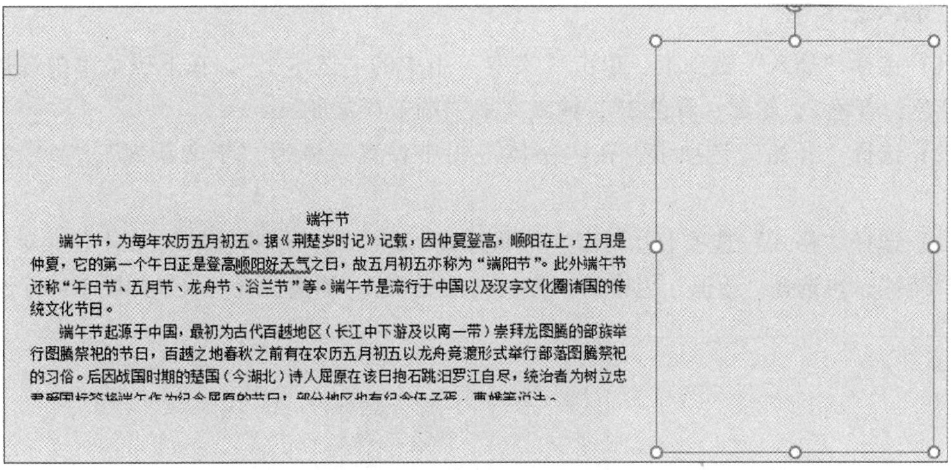

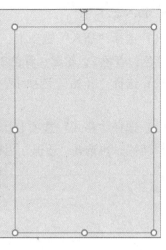

端午节

端午节，为每年农历五月初五。据《荆楚岁时记》记载，因仲夏登高，顺阳在上，五月是仲夏，它的第一个午日正是登高顺阳好天气之日，故五月初五亦称为“端阳节”。此外端午节还称“午日节、五月节、龙舟节、浴兰节”等。端午节是流行于中国以及汉字文化圈诸国的传统文化节日。

端午节起源于中国，最初为古代百越地区（长江中下游及以南一带）崇拜龙图腾的部族举行图腾祭祀的节日，百越之地春秋之前有在农历五月初五以龙舟竞渡形式举行部落图腾祭祀的习俗。后因战国时期的楚国（今湖北）诗人屈原在该日抱石跳汨罗江自尽，统治者为树立忠

图 1－83　“文本框”效果

端午节

端午节，为每年农历五月初五。据《荆楚岁时记》记载，因仲夏登高，顺阳在上，五月是仲夏，它的第一个午日正是登高顺阳好天气之日，故五月初五亦称为“端阳节”。此外端午节还称“午日节、五月节、龙舟节、浴兰节”等。端午节是流行于中国以及汉字文化圈诸国的传统文化节日。

端午节起源于中国，最初为古代百越地区（长江中下游及以南一带）崇拜龙图腾的部族举行图腾祭祀的节日，百越之地春秋之前有在农历五月初五以龙舟竞渡形式举行部落图腾祭祀的习俗。后因战国时期的楚国（今湖北）诗人屈原在该日抱石跳汨罗江自尽，统治者为树立忠

君爱国标签将端午作为纪念屈原的节日；部分地区也有纪念伍子胥、曹娥等说法。

自古以来端午节便有划龙舟及食粽等节日活动。赛龙舟是端午节的一项重要的民俗活动之一，它最早是古越族人祭水神或龙神的一种祭祀活动，其起源可追溯至原始社会末期，在中国南方很流行，在北方靠近河湖的城市也有赛龙舟习俗，而大部分是划旱龙舟舞龙船的形式。

自 2008 年起，端午节被列为国家法定节假日。2006 年 5 月，国务院将其列入首批国家级非物质文化遗产名录；2009 年 9 月，联合国教科文组织正式审议并批准中国端午节列入世界非物质文化遗产，成为中国首个入选世界非遗的节日。

图 1－84　文本框链接后的效果

5. 插入图片。

（1）选择“插入”选项卡，单击“插图”组中的“图片”，弹出“插入图片”对话框，选择素材文件夹中的图片“端午赛龙舟 . tif”，调整合适的大小。

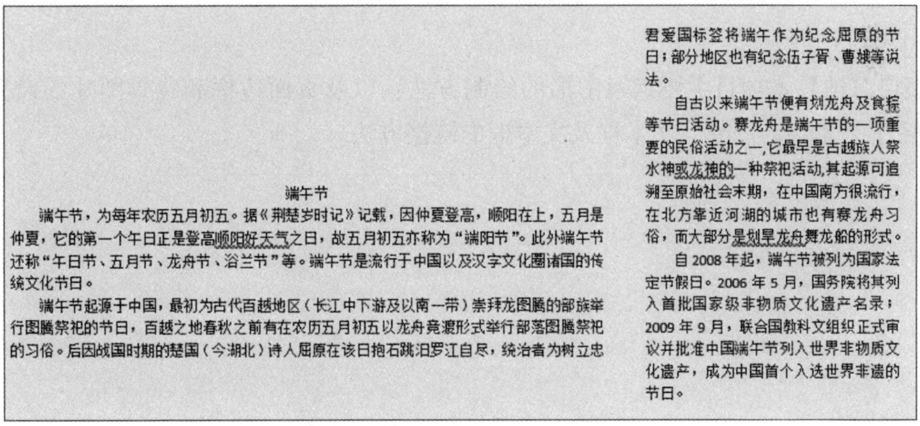

（2）选择“格式”选项卡，单击“大小”组中的“裁剪为形状”，在下拉菜单中选择“立方体”。调整位置。效果如图 1－85 所示。

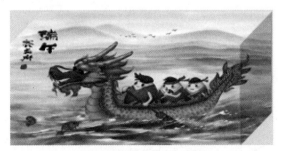

图 1－85　更改图片效果

6. 插入艺术字。

(1) 选择"插入"选项卡,单击"文本"组中的"艺术字",在下拉菜单中选择"填充-红色,着色2,轮廓-着色2",输入文字"端午赛龙舟"。

(2) 选择"开始"选项卡,在"字体"组中设置字体为"华文新魏",字号为"初号"。

(3) 选择"格式"选项卡,单击"形状样式"组中的"形状效果",在下拉菜单中选择"三维旋转",再选择"透视"组中的"左向对比透视"。调整位置。效果如图1-86所示。

图1-86 艺术字效果

7. 保存文档。

【项目总结】本项目主要练习图形的绘制方法,以及页面边框和背景图片的设置方法。同时练习了艺术字、图片、文本框及文本框的链接方法。

项目 5
杂志排版

基本信息	姓名		学号		班级		总评成绩	
	规定时间	30 min	完成时间		考核日期			
任务工单	序号	步骤	完成情况			标准分	评分
			完成	基本完成	未完成		
	1	设置水印				10	
	2	设置文本格式				15	
	3	插入 SmartArt 图形				25	
	4	插入批注				10	
	5	插入题注				10	
	6	插入脚注				10	
	7	插入尾注				10	
操作规范性						5	
安全						5	

【项目目标】通过对文档的编辑,形成一篇图文并茂的文章,如图 1-87 所示。

【项目分析】本任务要求对已有的文档进行设置,插入批注、题注、脚注和尾注等内容,然后保存文档。

【知识准备】批注、题注、脚注和尾注的使用方法,设置文本、水印、SmartArt 图形的方法。

【项目实施】

1. 打开"项目 5 素材.docx"原始文件。

2. 插入背景图片。

选择"设计"选项卡,单击"页面背景"组中的"水印",在弹出的下拉菜单中选择"自定义水印",弹出"水印"对话框,选中"图片水印"单选按钮,单击

视频 1-7
杂志排版

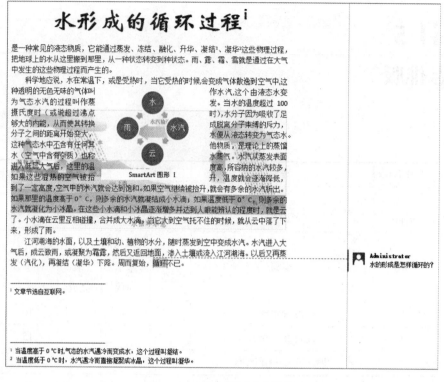

图1-87 杂志排版后的效果

"选择图片",在弹出的"插入图片"对话框中选择插入的图片,单击"确定"按钮;去掉"冲蚀"复选框前的"√",缩放为"自动"。"水印"对话框及设置如图1-88所示。单击"确定"按钮。

3. 设置标题。

选择第一自然段文字"水形成的循环过程",选择"开始"选项卡,设置字体格式为"华文新魏""小初""加粗",段落格式为"居中"。

4. 设置首字下沉。

将光标定位在第二自然段,选择"插入"选项卡,单击"文本"组中的"首字下沉",在下拉菜单中选择"首字下沉选项",弹出"首字下沉"对话框,具体设置为:"位置"为"下沉";"字体"为"黑体";"下沉行数"为"3";"距正文"为"0厘米"。如图1-89所示。

5. 插入SmartArt图形。

(1) 选择"插入"选项卡,单击"插图"组中的"SmartArt",弹出"选择SmartArt图形"对话框,选择"循环"组中的"基本循环",如图1-90所示,单击"确定"按钮。

(2) 在插入的如图1-91所示的SmartArt图形中,输入文字"水""水汽""云""雨",并删除多余的占位符。效果如图1-92所示。

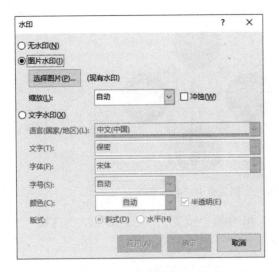

图1-88 "水印"对话框

图1-89 "首字下沉"对话框

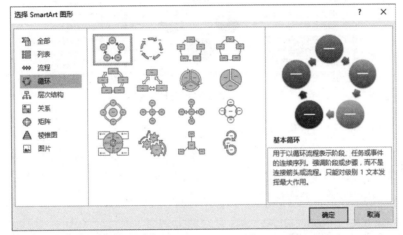

图1-90 "选择SmartArt图形"对话框

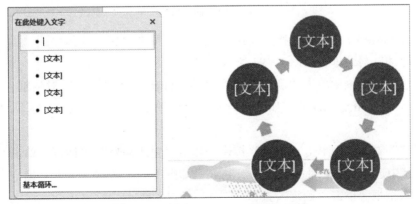

图1-91 插入"SmartArt图形"原图

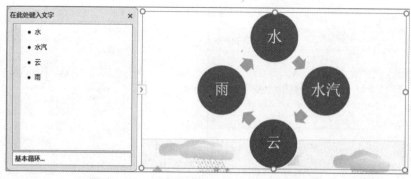

图1-92 "SmartArt 图形"输入文字后的效果

（3）选择"格式"选项卡，单击"排列"组中的"位置"，在下拉菜单中选择"中间居中，四周型文字环绕"，并调整其大小和位置，如图1-93所示。

图1-93 "SmartArt 图形"效果

6. 设置批注、题注、脚注和尾注。

（1）选中最后一段中的文字"循环"，选择"审阅"选项卡，单击"批注"组中的"新建批注"命令，被选中的文字出现底纹，同时在旁边的空白处出现"批注"的编辑区，输入批注文本"水的形成是怎样循环的？"，如图1-94所示。

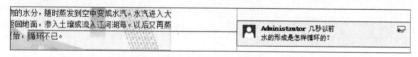

图1-94 插入批注

（2）选中 SmartArt 图形，选择"引用"选项卡，单击"题注"组中的"插入题注"命令，弹出"题注"对话框，如图1-95所示。

在"题注"对话框中单击"新建标签"按钮，弹出"新建标签"对话框，在"标签"文本框中输入"SmartArt 图形"，如图1-96所示，单击"确定"按钮，返回"题注"对话框。

在"题注"对话框中单击"编号"按钮，弹出"题注编号"对话框，单击"格式"下拉列表框，从中选择"Ⅰ，Ⅱ，Ⅲ，…"格式，如图1-97所示，单击"确定"按钮，返回"题注"对话框。单击"确定"按钮。

选择"开始"选项卡，在"段落"组中设置为"居中"，设置后的效果如图1-98所示。

图1-95 "题注"对话框

图1-96 "新建标签"对话框

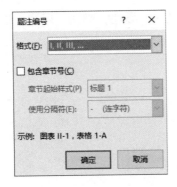

图1-97 "题注编号"对话框

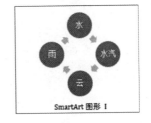

图1-98 插入"题注"效果

(3) 选择"开始"选项卡，单击"编辑"组中的"查找"命令，弹出查找"导航"任务窗格。在"导航"中输入"凝结"，出现与"凝结"相关内容的列表，如图1-99所示。选择第一项，光标自动选中并定位到相应位置。

(4) 选择"引用"选项卡，单击"脚注"组中的"插入脚注"，光标自动定位至脚注区域，在其中输入信息"当温度高于0 ℃时，气态的水汽遇冷而变成水，这个过程叫凝结。"，用鼠标单击正文区结束脚注编辑状态。

用同样的方法为"凝华"添加脚注"当温度低于0 ℃时，水汽遇冷而直接凝聚成冰晶，这个过程叫凝华。"。调整字号。脚注的效果如图1-100所示。

(5) 将光标定位至标题"水形成的循环过程"文本右侧，选择"引用"选项卡，单击"脚注"组中的"插入尾注"，光标自动定位至尾注区域，在其中输入信息"文章节选自互联网。"，用鼠标单击正文区结束脚注编辑状态。调整字号。尾注的效果如图1-101所示。

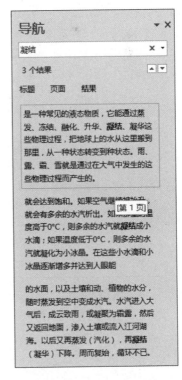

图1-99 "导航"任务窗格

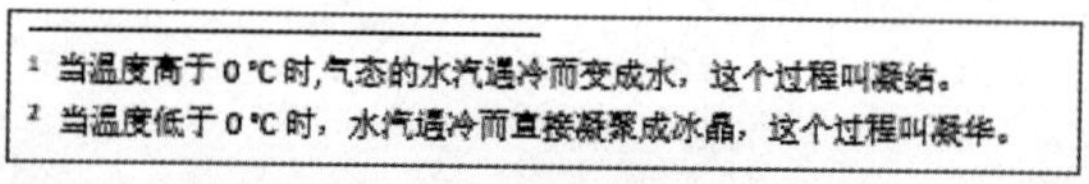

> 1 当温度高于0℃时,气态的水汽遇冷而变成水,这个过程叫凝结。
> 2 当温度低于0℃时,水汽遇冷而直接凝聚成冰晶,这个过程叫凝华。

图1-100 脚注效果

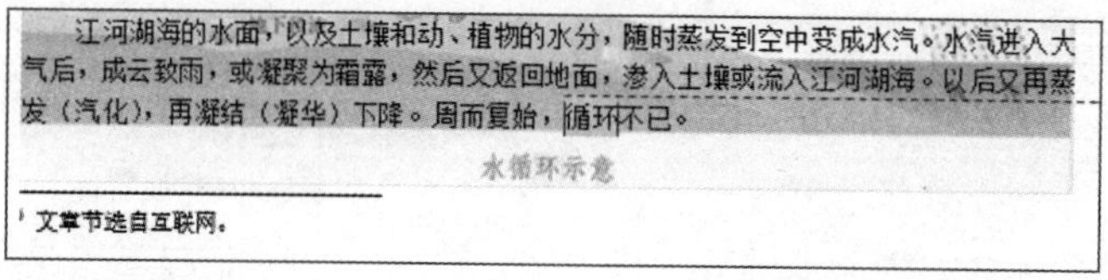

> 江河湖海的水面,以及土壤和动、植物的水分,随时蒸发到空中变成水汽。水汽进入大气后,成云致雨,或凝聚为霜露,然后又返回地面,渗入土壤或流入江河湖海。以后又再蒸发(汽化),再凝结(凝华)下降。周而复始,循环不已。
> 水循环示意
> 1 文章节选自互联网。

图1-101 尾注效果

7. 保存文档。

【项目总结】本项目完成了杂志排版,练习了批注、题注、脚注、尾注,以及SmartArt图形的使用方法。

项目 6
制作文档阅读目录

基本信息	姓名		学号		班级		总评成绩	
	规定时间	30 min	完成时间		考核日期			

任务工单	序号	步骤	完成情况			标准分	评分
			完成	基本完成	未完成		
	1	设置标题格式				20	
	2	生成文档目录				15	
	3	设置书签				20	
	4	创建文档内超链接				20	
	5	链接到其他文件				15	
操作规范性						5	
安全						5	

【项目目标】通过对"项目6素材.docx"原始文件的编辑，生成图1-102所示的文档。

【项目分析】本项目要求对已有的文件按照要求设置标题样式，并生成目录；对标题创建书签并建立超链接。

【知识准备】设置标题格式，生成文档目录，设置书签，创建超链接。

【项目实施】

1. 打开文档"项目6素材.docx"。

2. 设置标题格式，生成目录。

视频1-8 制作文档阅读目录

（1）选中标题"中国传统节日"，选择"开始"选项卡，选中"样式"组中的"标题1"，设置字体颜色为"红色"；单击"段落"组中的"居中"命令按钮。

（2）选中文字"1、新年"，选择"开始"选项卡，选中"样式"组中的"标题2"。

（3）双击"剪贴板"组中的"格式刷"，分别选择标题"2、元宵节"至"16、除夕"；再单击"剪贴板"组中的"格式刷"。标题设置后的部分效果如图1-103所示。

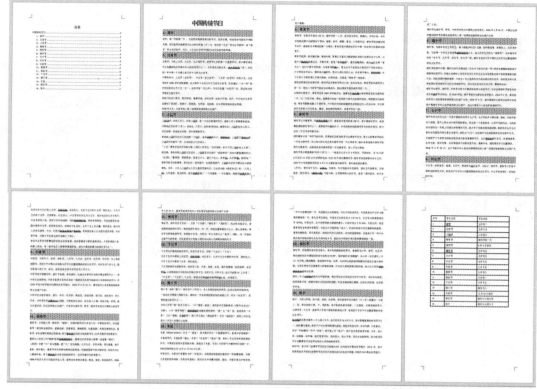

图1-102　文档阅读目录效果

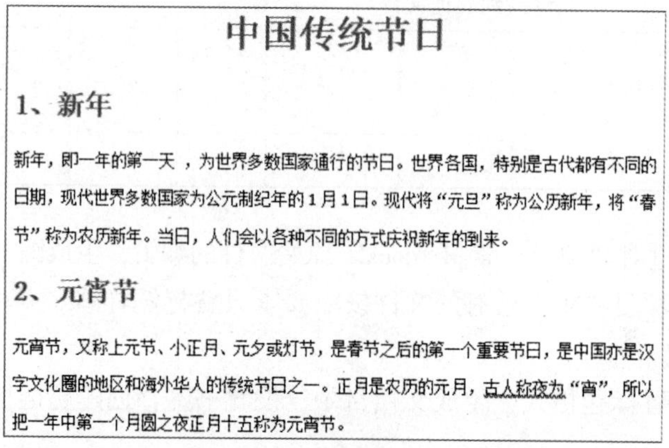

图1-103　设置"标题2"样式效果

（4）选择"开始"选项卡，右键单击"样式"组中的"标题2"，在下拉菜单中选择"修改"，弹出"修改样式"对话框。修改的内容：字号为"小三"；文字颜色为"深蓝"。单击"格式"按钮，在菜单中选择"段落"，在弹出的"段落"中设置段前段后均为"0"；再次单击"格式"按钮，在菜单中选择"边框"，在弹出的"边框和底纹"对话框中选择"底纹"选项卡，设置"填充"为"水绿色，个性色5，淡色60%"，"样式"为"15%"，如图1-104所示。选中单选按钮"仅限此文档"。"修改样式"对话框如图1-105所示，单击"确定"按钮。设置后的"标题2"样式效果如图1-106所示。

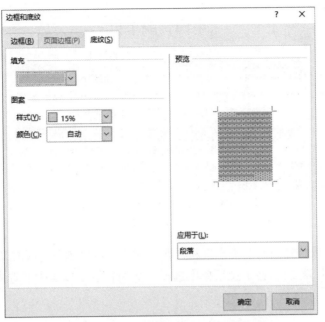

图1-104　设置"底纹"选项卡

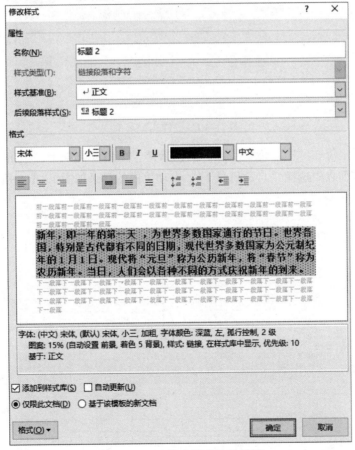

图1-105　"修改样式"对话框

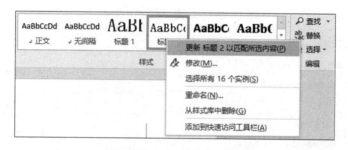

图1-106 设置后的"标题2"样式效果

操作提示:

如果使用已经设置好的文本格式更新标题2样式,可以选择对应的文字,然后右键单击"样式"组中的"标题2",在下拉菜单中选择"更新标题2以匹配所选内容",即可更新标题2样式,如图1-107所示。

图1-107 "样式"菜单

(5)将光标定位在"中国传统节日"前,选择"引用"选项卡,单击"目录"组中的"目录",在下拉列表中选择"自动目录1",自动生成的目录如图1-108所示。

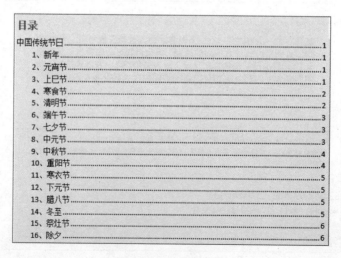

图1-108 生成目录

(6) 将光标定位在"目录"行,选择"开始"选项卡,单击"段落"组中的"居中"命令按钮。

(7) 因为首页是目录,与后面的内容格式设置不同,所以将首页和后面的内容设置为不同的两个节。将光标定位在文字"中国传统节日"前,选择"布局"选项卡,单击"页面设置"组中的"分隔符",在下拉列表中选择"分节符"中的"下一页",如图 1-109 所示,文章则会新起一页。用同样的方法在文章最后的表格前加上一个分页符。

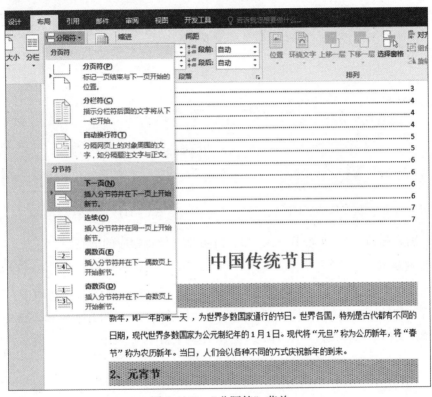

图 1-109 "分隔符"菜单

操作技巧:

节由若干段落组成,小至一个段落,大至整个文档。同一个节具有相同的编排格式,通过分节符将文档分为不同的节,不同的节可以设置不同的编排格式。如果看不到分节符,可以选择"文件",在下拉列表中选择"选项",在弹出的"Word 选项"对话框中选择"显示"选项卡,选中"始终在屏幕上显示这些格式标记"组中的"显示所有格式标记",即可显示分节符。

(8) 选择"引用"选项卡,单击"目录"组中的"更新目录"命令(或右击目录,在弹出的菜单中选择"更新域"),会弹出"更新目录"对话框,选中"更新目录"对话框中的"只更新页码"单选按钮,如图 1-110 所示,单击"确定"按钮。

3. 设置书签。

(1) 选中文字"1、新年",选择"插入"选项卡,单击"链接"组中的"书签"命令,弹出"书签"对话框,在"书签名"文本框中输入"新年",单击"添加"按钮,如图1-111所示。

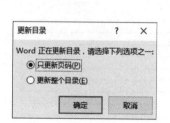

图1-110 "更新目录"对话框

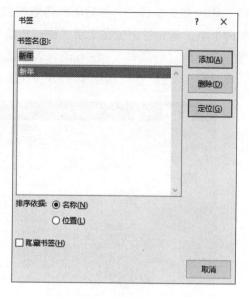

图1-111 "书签"对话框

(2)分别为标题"2、元宵节"至"5、清明节"设置相应的书签。

4. 设置超链接。

(1)选定正文末尾的表格中的文字"新年"文本,选择"插入"选项卡,单击"链接"组中的"超链接",弹出"插入超链接"对话框,如图1-112所示。单击"书签"按钮,弹出"在文档中选择位置"对话框,选择书签"新年",如图1-113所示,单击"确定"按钮。

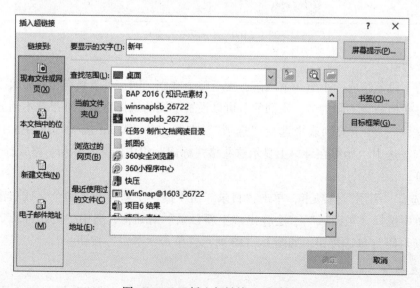

图1-112 "插入超链接"对话框

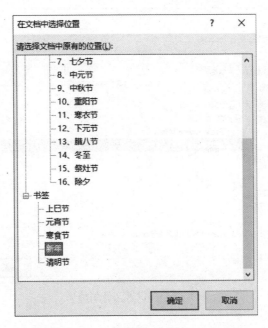

图1-113 "在文档中选择位置"对话框

（2）此时，设置超链接的文本以蓝色、添加下划线的格式显示。将鼠标移至超链接文本之上，会自动弹出提示信息，如图1-114所示，按住Ctrl键，鼠标呈小手状，单击文本可跳转至指定的书签位置处。

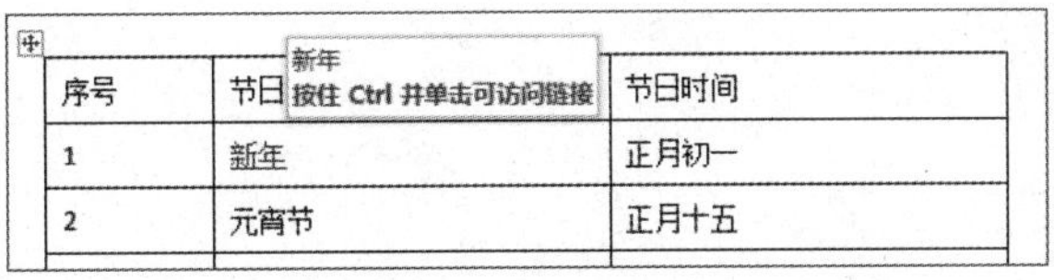

图1-114 设置"书签"超链接的效果

（3）选定正文末尾的表格中的文字"端午节"文本，选择"插入"选项卡，单击"链接"组中的"超链接"命令，弹出"插入超链接"对话框，在左侧的"链接到"中选择"现有文件或网页"，在右侧"查找范围"中设置所查找文件的路径，在"当前文件夹"右侧的列表框中选择"端午赛龙舟.docx"，如图1-115所示，单击"确定"按钮。

（4）按照上述步骤，可以为每个节日分别创建超链接，使其链接到相应的位置或文件上。

5. 保存文档。

【项目总结】本项目练习对已有的文件按照要求设置标题样式，并生成目录；对标题创建书签并建立超链接，方便文档阅读。

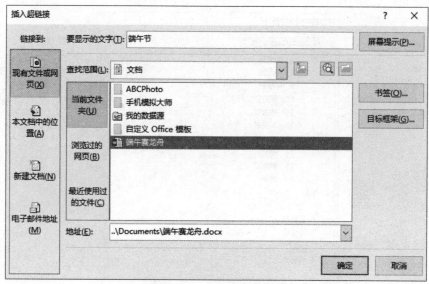

图 1-115　设置文件超链接

项目 7
设置页眉、页脚与页码

基本信息	姓名		学号		班级		总评成绩	
	规定时间	40 min	完成时间		考核日期			
任务工单	序号	步骤		完成情况			标准分	评分
				完成	基本完成	未完成		
	1	插入分节符					15	
	2	更新目录					15	
	3	设置不同的页面格式					20	
	4	设置不同的页眉和页脚					40	
操作规范性							5	
安全							5	

【项目目标】使用素材文档,完成图 1-116 所示的效果。

【项目分析】通过完成本项目,使学生掌握设置页面大小不同、页眉不同、页号不连续和纸张大小不同的方法。

【知识准备】插入分节符,根据不同节设置不同的页面、页眉和页脚。

【项目实施】

1. 打开"项目7素材.docx"。

2. 插入分节符。

将光标定位在文字"中国传统节日"前,选择"布局"选项卡,单击"页面设置"组中的"分隔符",在下拉列表中选择"分节符"中的"下一页",文章则会新起一页。用同样的方法在文章最后的表格前加上一个分页符。

视频 1-9
设置页眉、页脚与页码

3. 更新目录。

选择"引用"选项卡,单击"目录"组中的"更新目录"命令(或右击目录,在弹出的菜单中选择"更新域"),会弹出"更新目录"对话框,选中"更新目录"对话框中的

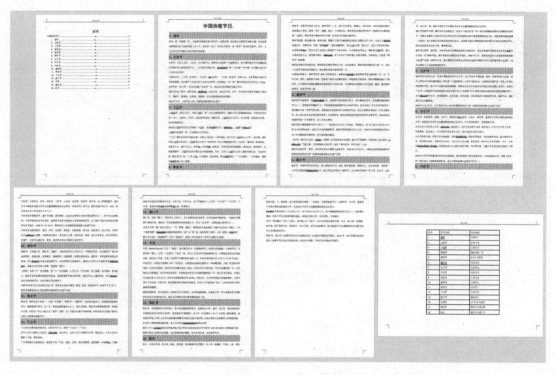

图1-116 编辑后的样文

"只更新页码"单选按钮,单击"确定"按钮。

4. 设置页面不同。

(1) 设置纸张方向。

将光标定位在最后一页,选择"布局"选项卡,单击"页面设置"组中的"纸张方向",在下拉菜单中选择"横向",即可设置不同的纸张方向。设置后前后页的效果如图1-117所示。

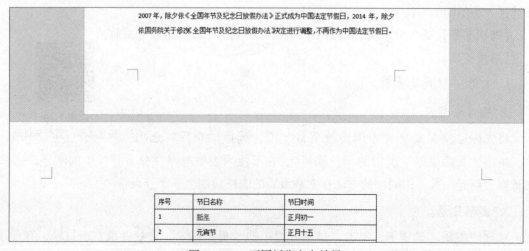

图1-117 不同纸张方向效果

(2) 设置页边距。

选择全部文本,选择"布局"选项卡,单击"页面设置"组中的"页边距",在下拉菜单中选择"自定义边距",打开"页面设置"对话框,在"页边距"选项卡中将上、下、左、右边距都设置为 2 厘米,单击"确定"按钮。

5. 设置页眉。

(1) 将光标定位到第二节,选择"插入"选项卡,单击"页眉和页脚"组中的"页眉"命令,在下拉菜单中选择"编辑页眉",输入文字"节日习俗",设置"页眉顶端距离"为"1 厘米"。

(2) 选择"设计"选项卡,选中"选项"组中的"奇偶页不同"复选框,取消"导航"组中的"链接到前一条页眉"命令按钮的选中状态,在偶数页页眉处输入文字"中国传统节日"。奇数页页眉如图 1-118 所示,偶数页页眉如图 1-119 所示。

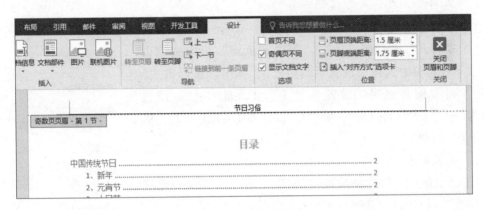

图 1-118　奇数页页眉

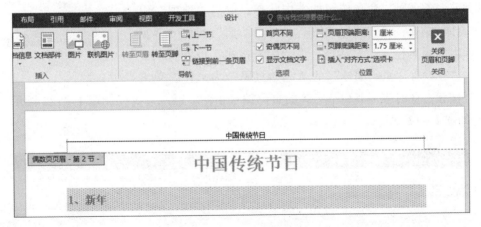

图 1-119　偶数页页眉

(3) 将光标定位到第三节页眉处,取消"导航"组中的"链接到前一条页眉"命令按钮的选中状态,并输入文字"节日表",如图 1-120 所示。

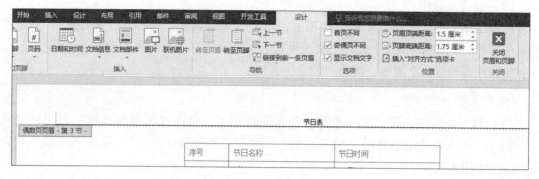

图 1-120 第三节页眉

(4) 单击"关闭页眉页脚"命令按钮。

6. 设置页码，并在页脚处插入页码。

(1) 设置起始页码。

选择"插入"选项卡，单击"页眉和页脚"组中的"页码"，在下拉菜单中选择"设置页码格式"，弹出"页码格式"对话框，将"编号格式"设置为"Ⅰ，Ⅱ，Ⅲ，…"；设置"页码编号"的"起始页码"为"Ⅰ"，如图1-121所示，单击"确定"按钮。

(2) 插入页码。

单击"页眉和页脚"组中的"页码"，在下拉菜单中选择"页面底端"，再选择"普通数字2"。

(3) 将光标定位在第二节页脚处，取消"导航"组中的"链接到前一条页眉"命令按钮的选中状态，取消"选项"组中的"奇偶页不同"复选框；单击"页眉和页脚"组中的"页码"，弹出"页码格式"对话框，将"编号格式"设置为"1，2，3，…"；设置"页码编号"的"起始页码"为"1"，单击"确定"按钮。此时第一节和第二节的页码编号不同，第一节页码如图 1-122 所示，第二节页码如图 1-123 所示。

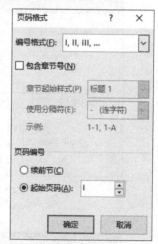

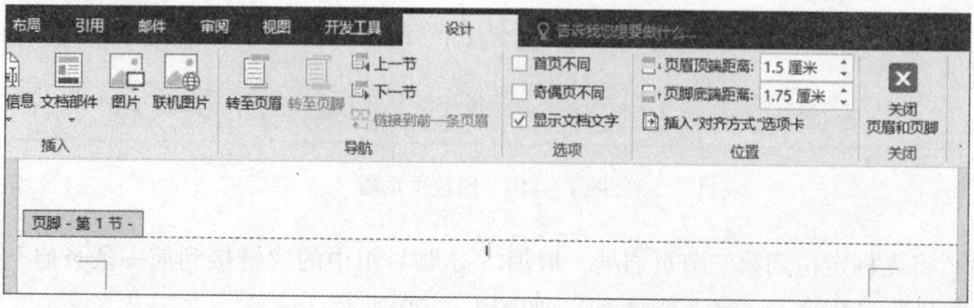

图 1-121 "页码格式"对话框

图 1-122 第一节页码

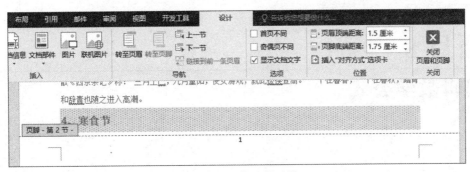

图1-123 第二节页码

(4) 单击"关闭页眉页脚"命令按钮。

7. 保存文档。

【**项目总结**】本项目首先使用分节符把文档按要求分节,再设置不同的页眉页脚格式,插入页码,最终完成了对同一个文档进行不同的页面、页眉、页脚、页码的设置。

项目 8
编辑数学公式

基本信息	姓名		学号		班级			总评成绩	
	规定时间	30 min	完成时间		考核日期				
任务工单	序号	步骤		完成情况			标准分	评分	
			完成	基本完成	未完成				
	1	分解公式模型					20		
	2	插入公式编辑框					10		
	3	使用"矩阵"模板					10		
	4	使用"下标–上标"模板					10		
	5	使用"分数(竖式)"模板					10		
	6	使用"方括号"模板					10		
	7	使用"带有次数的根式"模板					10		
	8	补充完整公式					10		
操作规范性							5		
安全							5		

【项目目标】制作如图 1–124 所示的数学公式。

【项目分析】本项目要求先对所给出的公式进行分解，得到相应的公式模型，再利用插入公式方法制作出公式模型，最后完善公式。

$$X_1^2 = \frac{(\sqrt[3]{8} - \frac{5}{8})}{A^2 + B^4}$$

图 1–124 "数学公式"效果

【知识准备】使用 Word 提供的公式编辑器的方法。

【项目实施】

1. 将公式分解为如图 1–125 所示。

2. 新建一个 Word 2016 文档，命名为"项目 8 数学公式编辑.docx"。

视频 1–10 编辑数学公式

3. 插入公式编辑框。

选择"插入"选项卡,单击"符号"组中的"公式",在下拉菜单中选择"插入新公式"菜单项,弹出公式编辑框,如图1-126所示。

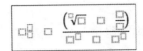

图1-125 分解公式生成模型

图1-126 公式编辑框

4. 第一次使用"1×3 空矩阵"模板。

选择"设计"选项卡,在"结构"组中单击"矩阵",在下拉列表中选择第1行第3列的"1×3 空矩阵"样式,如图1-127所示。效果如图1-128所示。

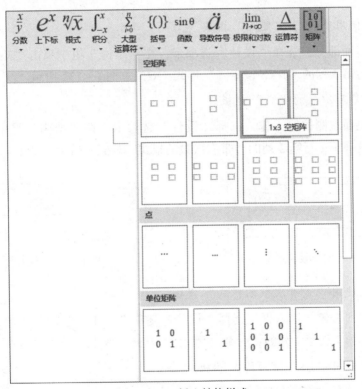

图1-127 插入结构样式

5. 使用"下标-上标"模板。

选择矩阵中左侧的输入框,选择"设计"选项卡,在"结构"中单击"上下标",在下拉列表中选择第1行第3列的"下标-上标"样式。效果如图1-129所示。

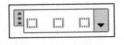   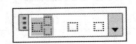

图1-128 效果图1   图1-129 效果图2

6. 使用"分数(竖式)"模板。

选择矩阵中右侧的输入框,选择"设计"选项卡,在"结构"中单击"分数",在下拉列表中选择第 1 行第 1 列的"分数(竖式)"样式。效果如图 1-130 所示。

7. 使用"方括号"模板。

选中分子部分,选择"设计"选项卡,在"结构"组中单击"括号",在下拉列表中选择第 1 行第 1 列的"方括号"样式。效果如图 1-131 所示。

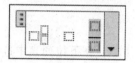

图 1-130　效果图 3

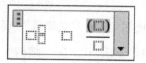

图 1-131　效果图 4

8. 第二次使用"1×3 空矩阵"模板。

选中括号里面部分,选择"设计"选项卡,在"结构"组中单击"矩阵",在下拉列表中选择第 1 行第 3 列的"1×3 空矩阵"样式。效果如图 1-132 所示。

9. 使用"带有次数的根式"模板。

选中括号里面左侧的输入框,选择"设计"选项卡,在"结构"组中单击"根式",在下拉列表中选择第 1 行第 2 列的"带有次数的根式"样式。效果如图 1-133 所示。

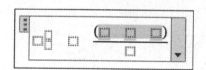

图 1-132　效果图 5

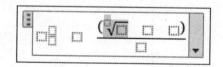

图 1-133　效果图 6

10. 第三次使用"带有次数的根式"模板。

选中括号里面右侧的输入框,选择"设计"选项卡,在"结构"中单击"分数",在下拉列表中选择第 1 行第 1 列的"分数(竖式)"样式。效果如图 1-134 所示。

11. 第二次使用"1×3 空矩阵"模板。

选中最外层的分母部分,选择"设计"选项卡,在"结构"组中单击"矩阵",在下拉列表中选择第 1 行第 3 列的"1×3 空矩阵"样式。效果如图 1-135 所示。

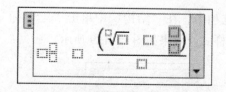

图 1-134　效果图 7

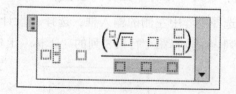

图 1-135　效果图 8

12. 使用"上标"模板。

选中左侧的输入框,选择"设计"选项卡,在"结构"组中单击"上下标",在下拉列表中选择第 1 行第 1 列的"上标"样式。效果如图 1-136 所示。用同样的方法设置右侧的输入框。效果如图 1-125 所示。

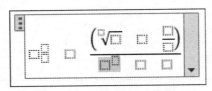

图 1-136　效果图 9

13. 根据图将公式补充完整。
14. 保存文件。

【项目总结】本项目主要练习使用 Word 提供的公式编辑器的使用方法。

项目 9
审阅文档

基本信息	姓名		学号		班级		总评成绩	
	规定时间	30 min	完成时间		考核日期			
任务工单	序号	步骤	完成情况			标准分	评分
			完成	基本完成	未完成		
	1	合并文档				30	
	2	文档的修订				20	
	3	接受修订				10	
	4	拒绝修订				10	
	5	拼写和语法检查				10	
	6	繁简体转换				10	
操作规范性						5	
安全						5	

【项目目标】通过对原始文档的编辑和修订过程，熟练掌握文档修订的功能。

【项目分析】本项目先合并文档，再使用修订功能修改文档，最后保存文档。

【知识准备】合并文档、修订文档、接受修订和拒绝修订、拼写和语法检查、繁简体转换。

【项目实施】

1. 打开"项目9素材1.docx"原始文档。

2. 合并文档。

视频1-11
审阅文档

（1）选择"审阅"选项卡，单击"比较"组中的"比较"，在下拉列表中选择"合并"，打开"合并文档"对话框。

（2）在"原文档"中选择"项目9素材1.docx"，在"修订的文档"中选择"项目9素材2.docx"，如图1-137所示。单击"确定"按钮。生成图1-138所示的文档。

第一部分 Microsoft Office Word 2016文字处理软件

图1-137 "合并文档"对话框

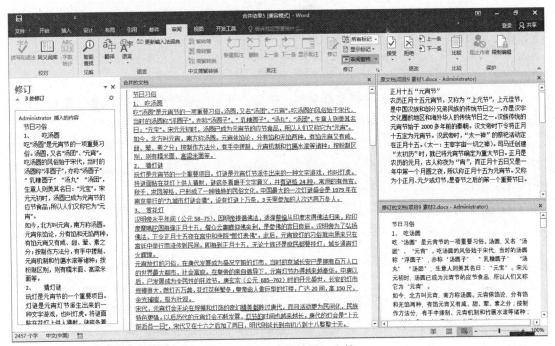

图1-138 "合并结果"文档

(3) 将光标定位在"修订"审阅窗格中的"插入的内容",单击"更改"组中的"接受",在下拉列表中选择"接受并移到下一条",如图1-139所示,光标跳到下一条修订;单击"更改"组中的"拒绝",在下拉列表中选择"拒绝并移到下一条",如图1-140所示,光标跳到下一条修订;用同样的方法拒绝后续修订,直到出现"您的文档没有任何批注或修订"为止。

图1-139 选择"接受并移到下一条"

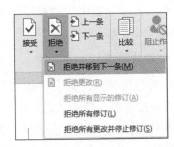

图1-140 选择"拒绝并移到下一条"

(4) 关闭"修订"审阅窗格、"原文档"窗格、"修订的文档"窗格。

(5) 选中"原文档"中的文一、二自然段内容,移动到文档最前面。

(6) 合并后的文档另存为"项目 9 合并后的文档"。

3. 文档的修订。

(1) 选择"审阅"选项卡,单击"修订"组中的"修订",在下拉列表中选择"修订",如图 1-141 所示。

图 1-141 选择"修订"

(2) 使用快捷键 Ctrl + A 选择全部文档,单击"开始"选项卡,在"段落"组中设置为"首行缩进""2 字符"。修改后的样式如图 1-142 所示。

(3) 选中标题"正月十五'元宵节'",选择"开始"选项卡,在"字体"组中设置为"华文彩云""二号""红色";在"段落"组中设置为"左对齐"。修改后的样式如图 1-142 所示。

(4) 删除第一段末的"正月"两个字,修改后的样式如图 1-142 所示。

图 1-142 "修订"样式

(5) 选中第一个修订的信息框,选择"审阅"选项卡,单击"更改"组中的"接受"命令,在下拉列表中选择"接受并移到下一条"。

(6) 选中提示为"带格式的:左,缩进;首行缩进;2 字符"信息框,单击"更改"组中的"拒绝"命令,在下拉列表中选择"拒绝更改"。

(7) 单击"更改"组中的"接受"命令,在下拉列表中选择"接受所有更改并停止修订",完成所有修订。

4. 拼写和语法检查。

选择"审阅"选项卡,单击"校对"组中的"拼写和语法",第一处需要进行拼写和语法检查的文本被选中,打开"语法"任务窗格,如图 1-143 所示,单击"忽略"或"忽略规则"。用同样的方法完成后面的拼写和语法检查。

图 1-143 "语法"任务窗格

5. 繁简体转换。

选择文章第一段,选择"审阅"选项卡,单击"中文简繁转换"组中的"简转繁",转换后的效果如图 1-144 所示。

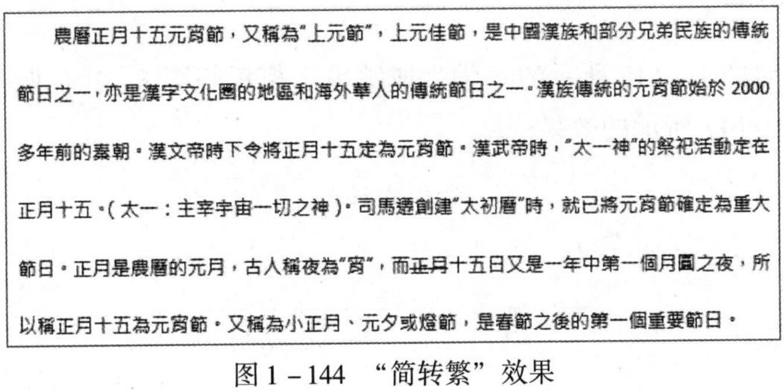

图 1-144 "简转繁"效果

6. 保存文档。

【项目总结】本项目练习使用文档修订的方法对文件进行编辑和修改。

项目 10

邮件合并

<table>
<tr><td rowspan="2">基本信息</td><td>姓名</td><td></td><td>学号</td><td></td><td colspan="2">班级</td><td colspan="2"></td><td rowspan="2">总评成绩</td><td rowspan="2"></td></tr>
<tr><td>规定时间</td><td>40 min</td><td>完成时间</td><td></td><td colspan="2">考核日期</td><td colspan="2"></td></tr>
<tr><td rowspan="7">任务工单</td><td rowspan="2">序号</td><td colspan="3" rowspan="2">步骤</td><td colspan="4">完成情况</td><td rowspan="2">标准分</td><td rowspan="2">评分</td></tr>
<tr><td>完成</td><td colspan="2">基本完成</td><td>未完成</td></tr>
<tr><td>1</td><td colspan="3">连接数据源</td><td></td><td colspan="2"></td><td></td><td>20</td><td></td></tr>
<tr><td>2</td><td colspan="3">插入合并域</td><td></td><td colspan="2"></td><td></td><td>20</td><td></td></tr>
<tr><td>3</td><td colspan="3">设置条件规则</td><td></td><td colspan="2"></td><td></td><td>20</td><td></td></tr>
<tr><td>4</td><td colspan="3">数据源数据的处理</td><td></td><td colspan="2"></td><td></td><td>20</td><td></td></tr>
<tr><td>5</td><td colspan="3">邮件合并选项</td><td></td><td colspan="2"></td><td></td><td>10</td><td></td></tr>
<tr><td>操作规范性</td><td></td><td></td><td></td><td></td><td></td><td colspan="2"></td><td></td><td>5</td><td></td></tr>
<tr><td>安全</td><td></td><td></td><td></td><td></td><td></td><td colspan="2"></td><td></td><td>5</td><td></td></tr>
</table>

【项目目标】对图 1－145 所示的“学生成绩单”模板和图 1－146 所示的表格使用邮件合并功能实现图 1－147 所示的效果。

学生成绩单

学号：

姓名：

科目	是否合格
语文	
数学	
英语	
计算机	

打印日期： 2020 年 4 月 28 日

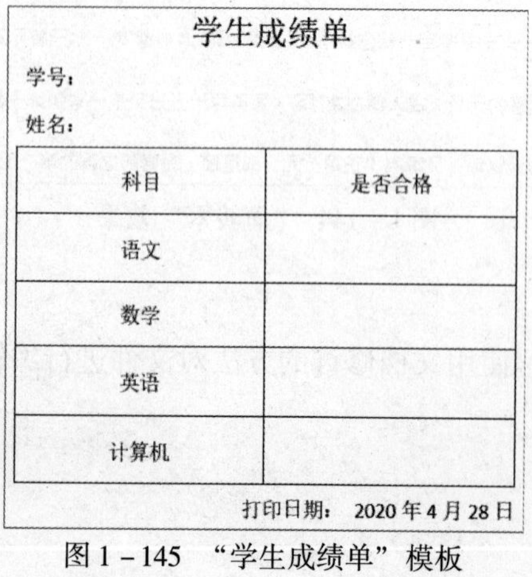

图 1－145 “学生成绩单”模板

学号	姓名	数学	语文	英语	计算机	总分	名次
01	赵羽圭	87	79	79	88	333	3
02	张雅亮	74	57	80	79	290	12
03	刘若雨	69	88	89	75	321	6
04	张雅静	100	89	90	91	370	1
05	赵奕鸣	89	90	70	55	304	9
06	孙惠茜	76	80	77	63	296	11
07	周依娜	54	58	66	80	258	15
08	吴彬彬	67	85	87	89	328	4
09	刘浩初	55	79	74	70	278	14
10	陈欢馨	78	80	69	85	312	7
11	杨诗琪	85	89	67	81	322	5
12	赵承德	80	90	89	90	349	2
13	沈博文	85	70	76	78	309	8
14	周玥嫕	88	77	54	79	298	10
15	王欣妍	73	59	67	88	287	13

图 1-146　学生成绩表

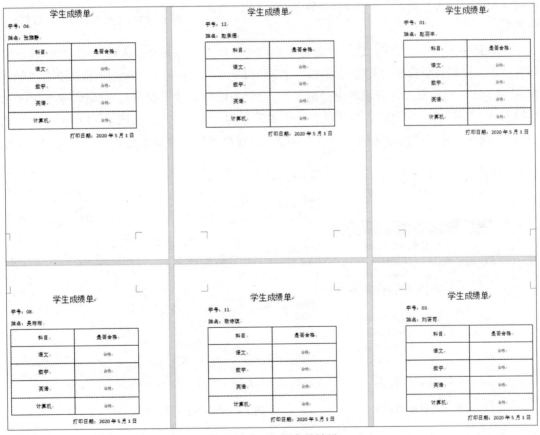

图 1-147　邮件合并结果

【项目分析】本项目要求利用已有的模板文档和表格文档，根据需求设置邮件合并条件，最后完成邮件合并。

【知识准备】Word 文档的编辑、邮件合并中原始文档与数据源的链接、插入合并域、数据源数据的处理、设置条件规则、邮件合并选项。

【项目实施】

1. 打开"项目 10 素材：学生成绩单模板.docx"原始文档。

2. 邮件合并。

具体操作步骤如下。

视频 1－12
邮件合并

（1）选择"邮件"选项卡，单击"开始邮件合并"组中的"选择收件人"命令，在下拉列表中选择"使用现有列表"，弹出"选取数据源"对话框。

（2）在"选取数据源"对话框中选择数据源文件"项目 10 素材：学生成绩表.docx"，单击"打开"按钮。

（3）在"学号"后插入光标，选择"邮件"选项卡，单击"编写和插入域"组中的"插入合并域"命令，在下拉列表中选择"学号"，效果如图 1－148 所示。用同样的方法插入"姓名""语文""数学""英语""计算机"。

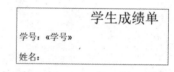

图 1－148 "插入合并域"效果

（4）选中文字"语文"，选择"邮件"选项卡，单击"编写和插入域"组中的"规则"命令，在下拉列表中选择"如果…那么…否则（I）…"，如图 1－149 所示，弹出"插入 Word 域：IF"对话框，设置域名为"语文"，比较条件为"大于等于"，比较对象为"60"，"则插入此文字"为"合格"，"否则插入此文字"为"不合格"，如图 1－150 所示，单击"确定"按钮。用同样的方法插入数学、英语、计算机成绩，效果如图 1－151 所示。

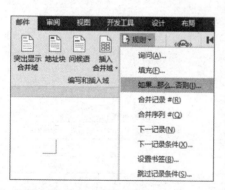

图 1－149 选择规则条件

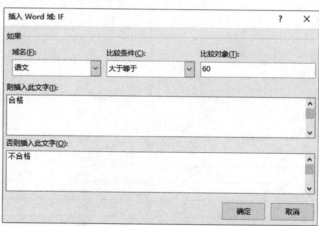

图 1－150 "插入 Word 域：IF"对话框

（5）选择"邮件"选项卡，单击"开始邮件合并"组中的"编辑收件人列表"命令，弹出"邮件合并收件人"对话框，如图 1－152 所示。单击"排序"命令，弹出"查询选项"对话框，在"排序记录"选项卡中设置"主要关键字"为"名次"，单击"升序"单选按钮，如图 1－153 所示，单击"确定"按钮。

图1-151 带有占位符的"学生成绩单"模板

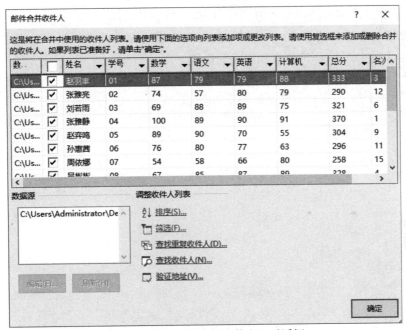

图1-152 "邮件合并收件人"对话框

图1-153 "查询选项"对话框

(6)选择"邮件"选项卡,单击"完成"组中的"完成并合并"命令,在下拉列表中选择"编辑单个文档",弹出"合并到新文档"对话框,选择"合并记录"中的第三项单选按钮,输入"从'1'到'6'",如图1-154所示,单击"确定"按钮。

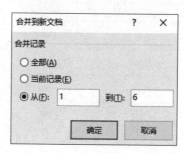

图1-154 "合并到新文档"对话框

(7)保存合并后的文档,命名为"项目10邮件合并结果"。

【项目总结】本项目使用Word模板与数据表格进行邮件合并,操作过程中要注意模板与数据源的链接,以及占位符位置和格式的设置。

项目 11
窗体与交互

基本信息	姓名		学号		班级		总评成绩	
	规定时间	40 min	完成时间		考核日期			
任务工单	序号	步骤	完成情况			标准分	评分	
			完成	基本完成	未完成			
	1	设置"开发工具"选项卡				10		
	2	单选按钮组控件				15		
	3	组合框内容控件				15		
	4	设置项目符号				10		
	5	插入 Word 对象				15		
	6	设置日期选取器内容控件				15		
	7	控件的使用				10		
操作规范性						5		
安全						5		

【项目目标】通过对"项目 11 素材.docx"原始文件的编辑,生成图 1-155 所示的文档。

【项目分析】本项目要求对已有的文档按照要求加入控件,并设置控件属性。

【知识准备】设置"开发工具"选项卡、设置单选按钮组控件、设置组合框内容控件、设置项目符号和插入 Word 对象、设置日期选取器内容控件、控件的使用。

【项目实施】

1. 打开文档"项目 11 素材.docx"。

2. 显示"开发工具"选项卡。

(1) 打开"文件"菜单,选择"选项"命令,打开"Word 选项"对话框。

视频 1-13
窗体与交互

篮球俱乐部会员入会申请表

姓名		性别	⊙男 ○女	
年龄		民族		
身份证号码				
身体情况				

身高（厘米）	体重（公斤）	特长	衣码	鞋码	健康情况
					健康
联系方式					
电话		微信		邮箱	
家庭住址					
参加篮球活动经历					

❖ 本人同意并履行《篮球俱乐部规程》条款 《篮球俱乐部规程》条款.docx ，自愿申请。

❖ 所有信息，情况真实有效。

申请人：

2020年4月30日

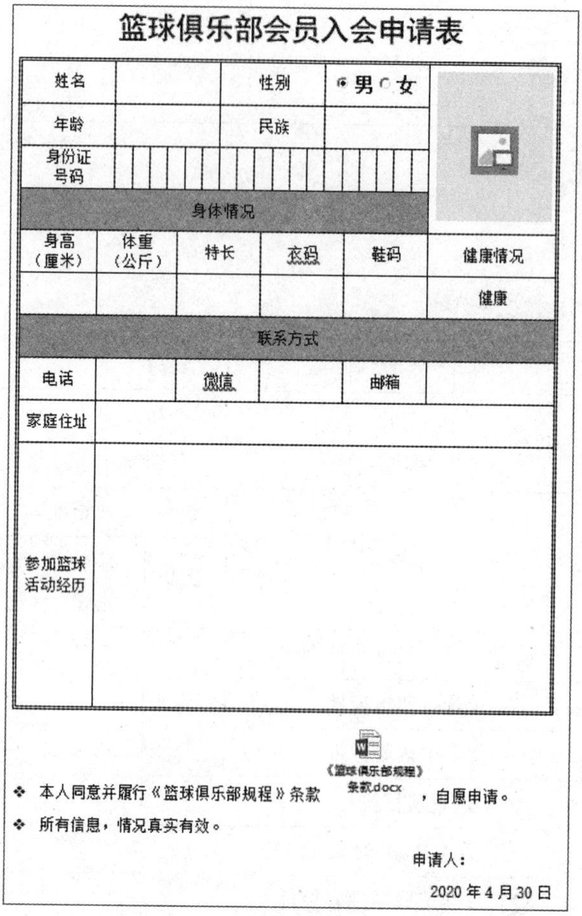

图1－155 “窗体与交互”效果

(2) 在“Word选项”中选择“自定义功能区”，然后在右侧列表框中选中“开发工具”复选项，如图1－156所示，单击“确定”按钮。

3. 设置单选按钮组。

(1) 将光标定位在“性别”后面的单元格中，选择“开发工具”选项卡，选中“控件”组中的“旧式工具”，在下拉菜单中选择“选项按钮（ActiveX控件）”，如图1－157所示。出现如图1－158所示的控件。

(2) 单击“控件”组中的“属性”按钮，出现“属性”对话框，把“Caption”选项改为“男”，如图1－159所示。

(3) 调整大小。用同样的方法建立控件“女”，并调整大小。

(4) 取消“控件”组中的“设计模式”的选中状态。效果如图1－160所示。

4. 设置组合框内容控件。

(1) 将光标定位在“健康情况”下面的单元格中，选择“开发工具”选项卡，选中“控件”组中的“组合框内容控件”，即可插入一个“组合框内容控件”，如图1－161所示。

图 1-156 "Word 选项"对话框

图 1-157 选择"选项按钮（ActiveX 控件）"

图 1-158 "选项按钮（ActiveX 控件）"控件   图 1-159 控件"属性"对话框

图1-160 "选项按钮"效果　　　　图1-161 "组合框内容控件"控件

（2）单击"控件"组中的"属性"按钮，出现"内容控件属性"对话框，选中"无法删除内容控件"复选框。

（3）选中"下拉列表属性"中的"选择一项"，单击"修改"，弹出"修改选项"对话框，在"显示名称"和"值"中输入"健康"，如图1-162所示。单击"确定"按钮。

（4）单击"添加"按钮，在"显示名称"和"值"中输入"一般"，单击"确定"按钮；用同样方法再添加"不健康"选项。"内容控件属性"窗口如图1-163所示。

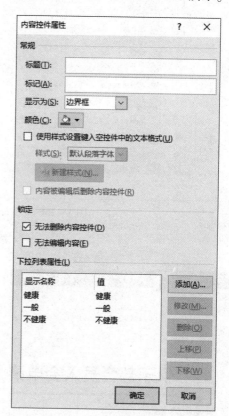

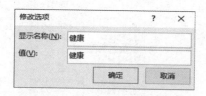

图1-162 "修改选项"对话框　　　　图1-163 "内容控件属性"对话框

（5）取消"控件"组中的"设计模式"的选中状态。

5. 设置项目符号和插入Word对象。

（1）将光标定位在文字"……自愿申请"后，按Enter键，在下面插入的空行中输入文字"所有信息，情况真实有效。"。

（2）选中两行文字，选择"开始"选项卡，单击"段落"组中的"项目符号"右侧箭头，在下拉菜单中选择"定义新项目符号"，弹出"定义新项目符号"对话框。

(3) 单击"符号"按钮,弹出"符号"对话框。字体选择"Wingdings","字符代码"中输入"118",如图1-164所示。单击"确定"按钮。再次单击"确定"按钮,效果如图1-165所示。

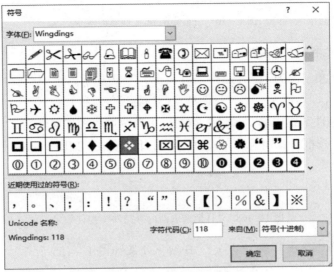

图1-164 "符号"对话框

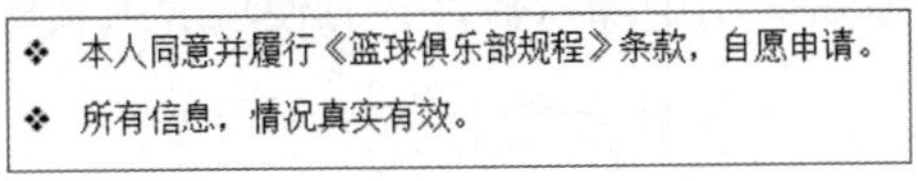

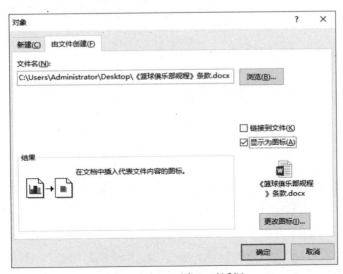

图1-165 "项目符号"效果

(4) 将光标定位在文字"条款"后,选择"插入"选项卡,选中"文本"组中的"对象",在下拉菜单中选择"对象",弹出"对象"对话框;选择"由文件创建"选项卡,单击"浏览"按钮,打开需要链接的文件。勾选"显示为图标",单击"确定"按钮,如图1-166所示。效果如图1-167所示。

图1-166 "对象"对话框

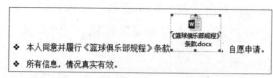

图 1-167　插入 Word 文件后的效果

6. 设置日期选取器内容控件。

（1）选中右下角"年月日"，选择"开发工具"选项卡，选中"控件"组中的"日期选取器内容控件"，即可插入一个"日期选取器内容控件"。

（2）单击"控件"组中的"属性"按钮，出现"内容控件属性"对话框，选中"无法删除内容控件"复选框；日期显示方式为"年月日"格式，如图 1-168 所示。

图 1-168　"日期选取器内容控件"控件效果

7. 选择"男""健康"和"今天"日期，效果如图 1-155 所示。

8. 保存文档。

【项目总结】本项目在原始文档中加入控件，方便填表人员的操作，增强了规范性。

项目 12

个性化设置 Word 文档

基本信息	姓名		学号		班级		总评成绩	
	规定时间	30 min	完成时间		考核日期			

	序号	步骤	完成情况			标准分	评分
			完成	基本完成	未完成		
任务工单	1	自定义选项卡				10	
	2	显示标记				10	
	3	列出最近所用文件数				10	
	4	显示粘贴选项按钮				10	
	5	设置"打印背景色和图像"				10	
	6	设置自动保存时间				10	
	7	设置密码				10	
	8	设置用户名				10	
	9	设置文件位置				10	
操作规范性						5	
安全						5	

【项目目标】通过设置 Word 选项，设置用户个人风格的文档。

【项目分析】本项目要求设置 Word 选项，然后保存文档。

【知识准备】了解 Word 选项的各项功能及熟练掌握 Word 选项的设置方法。

【项目实施】

1. 打开文档"项目 12 素材.docx"。

2. 自定义功能区选项卡。

（1）在"文件"菜单中选择"选项"，弹出"Word 选项"对话框，选择"自定义功能区"选项卡，弹出如图 1-169 所示的对话框。

视频 1-14
个性化设置 Word 文档

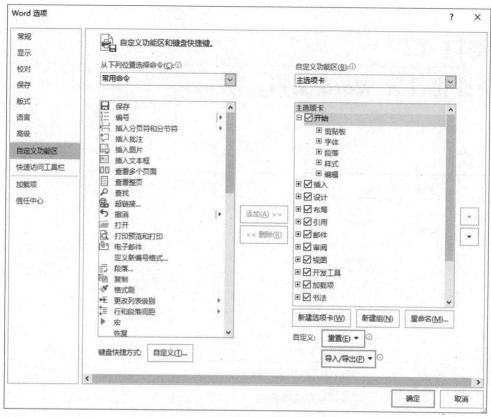

图1-169 "Word 选项"对话框

（2）单击"新建"选项卡，选中刚刚建立的"新建选项卡（自定义）"，单击"重命名"按钮，弹出"重命名"对话框，在"显示名称"处输入"我的选项卡"，如图1-170所示，单击"确定"按钮。

（3）用同样的方法将"新建组（自定义）"重命名为"组1"。

（4）单击"新建组"按钮，建立一个新组，重命名为"组2"。

（5）选择"组1"，从左侧的列表中选择"编号"，单击"添加"按钮，"编号"功能便加入了"组1"中，用同样的方法把"查找"功能加入"组1"，把"段落"和"绘制表格"功能加入"组2"，如图1-171所示，单击"确定"按钮。

（6）选择"我的选项卡"，查看相应内容，如图1-172所示。

3. 显示"段落"和"制表符"标记。

（1）在"文件"菜单中选择"选项"，弹出"Word 选项"对话框，选择"显示"选项卡，在"始终在屏幕上显示这些格式标记"组中选中"制表符""空格"和"段落标记"复选框，如图1-173所示，单击"确定"按钮。

（2）将光标定位在标题"中国传统节日"前，选择"布局"选项卡，单击"页面设置"组中的"分隔符"，选择"分页符"组中的"分页符"，可以看到"分页符"格式标记，如图1-174所示。

图 1-170 "重命名"对话框

图 1-171 添加自定义选项卡后的"Word 选项"对话框

图1-172 "我的选项卡"功能区

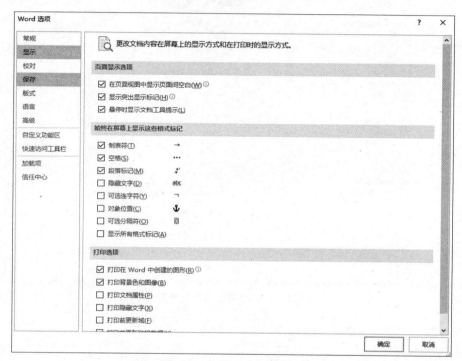

图1-173 "显示"选项卡

图1-174 "制表符""空格"和"分页符"的格式标记

(3) 在文字"目录"后面输入三个 Tab 键和空格键,可以看到"制表符"和"空格"的格式标记,如图 1-174 所示。

4. 将"最近使用的文档"设为 5 个。

(1) 在"Word 选项"对话框中,选择"高级"选项卡,设置"显示"组中的"显示此数目的'最近使用的文档'"为"5",单击"确定"按钮,如图 1-175 所示。

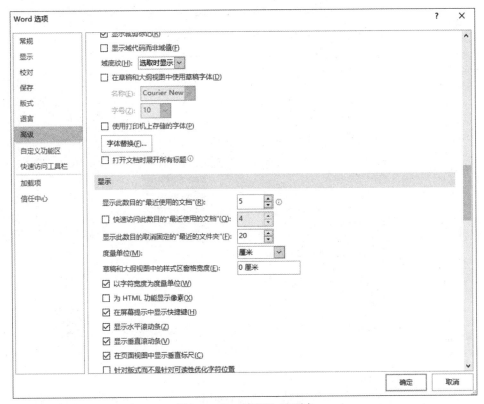

图 1-175 "高级"选项卡

(2) 单击"文件"菜单,在"打开"菜单项中可以看到最近编辑过的 5 个文件,如图 1-176 所示。

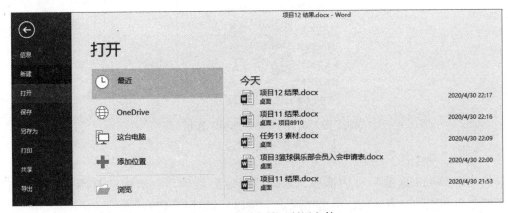

图 1-176 列出最近所用文件

5. 设置"粘贴内容时显示粘贴选项按钮"功能。

（1）在"Word 选项"对话框中，选择"高级"选项卡，选中"剪切、复制和粘贴"组中的"粘贴内容时显示粘贴选项按钮"复选框，单击"确定"按钮，如图 1-177 所示。

图 1-177 "高级"选项卡

（2）复制"元宵节"，在文档中某一个位置进行粘贴，自动弹出"粘贴选项"按钮 ，粘贴的内容与周围文本的内容格式不同，单击"粘贴选项"按钮，在其下拉列表中选择"保留源格式"选项，使粘贴的内容与原来文本的内容格式一致，如图 1-178 所示。

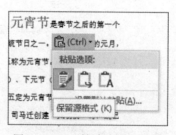

图 1-178 "粘贴选项"按钮

6. 设置"打印背景色和图像"功能。

（1）在"Word 选项"对话框中，选择"显示"选项卡，选中"打印选项"组中的"打印背景色和图像"复选框，单击"确定"按钮，如图 1-179 所示。

图1-179 "显示"选项卡"打印选项"

（2）选择"设计"选项卡，单击"页面背景"组中的"页面颜色"，在下拉菜单"主题颜色"中选择"橄榄色，个性色3，淡色80%"。效果如图1-180所示。

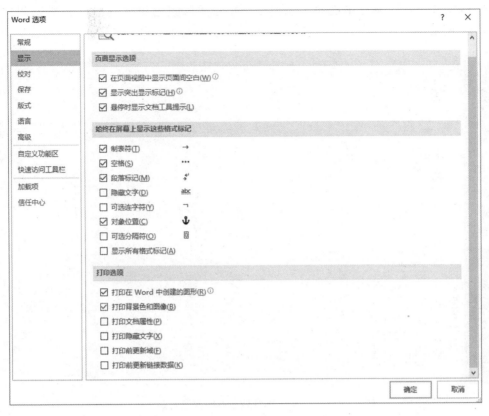

图1-180 背景填充效果

(3) 在"文件"菜单中选择"打印",可见背景颜色出现在打印预览效果中,如图 1-181 所示。

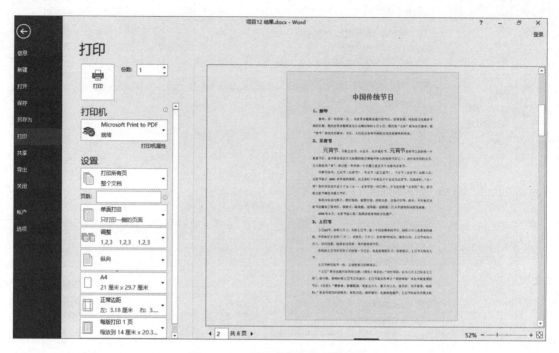

图 1-181　图片背景打印预览效果

7. 设置自动保存时间。

在"Word 选项"对话框中,选择"保存"选项卡,选中"保存文档"组中的"保存自动恢复信息时间间隔"复选框,并设为 5 分钟,单击"确定"按钮。"保存"选项卡如图 1-182 所示。

8. 设置打开密码为"123456"。

(1) 单击"文件"菜单栏下的"信息"命令,单击"保护文档",选择下拉菜单中的"用密码进行加密",如图 1-183 所示。弹出"加密文档"对话框,在"密码"文本框中输入"123456",如图 1-184 所示。单击"确定"按钮,在"确认密码"对话框中再次输入"123456"。

(2) 保存并关闭文档。

(3) 再次打开"项目12 结果.doc",弹出如图 1-185 所示的"密码"对话框,要求输入打开文件的密码,输入密码后,单击"确定"按钮,打开文档。

9. 设置用户名。

在"Word 选项"对话框中,选择"常规"选项卡,在"对 Microsoft Office 进行个性化设置"组中的"用户名"和"缩写"文本框中输入用户名和缩写,单击"确定"按钮,如图 1-186 所示。

第一部分　Microsoft Office Word 2016文字处理软件

图1-182　"保存"选项卡

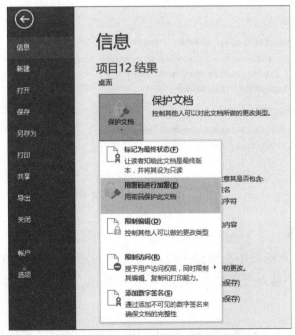

图1-183　选择"用密码进行加密"

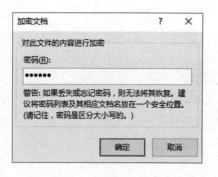

图1-184 "加密文档"对话框

图1-185 打开文件"密码"对话框

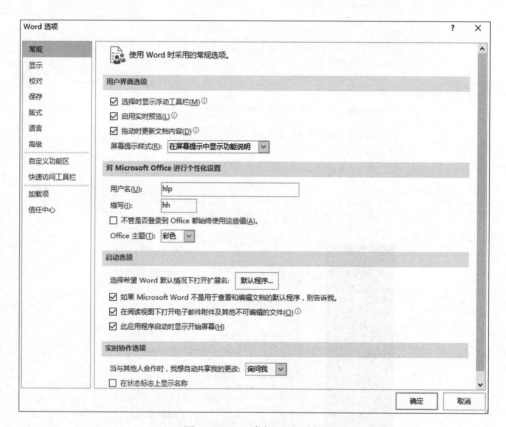

图1-186 "常规"选项卡

10. 设置文件位置。

在"Word 选项"对话框中,选择"保存"选项卡,在"保存文档"组中的"默认本地文件位置"文本框中输入"E:\",单击"确定"按钮,如图1-187所示。

11. 保存文档。

【项目总结】本项目主要练习设置 Word 2016 选项,学习设置用户个人风格的文档的方法。

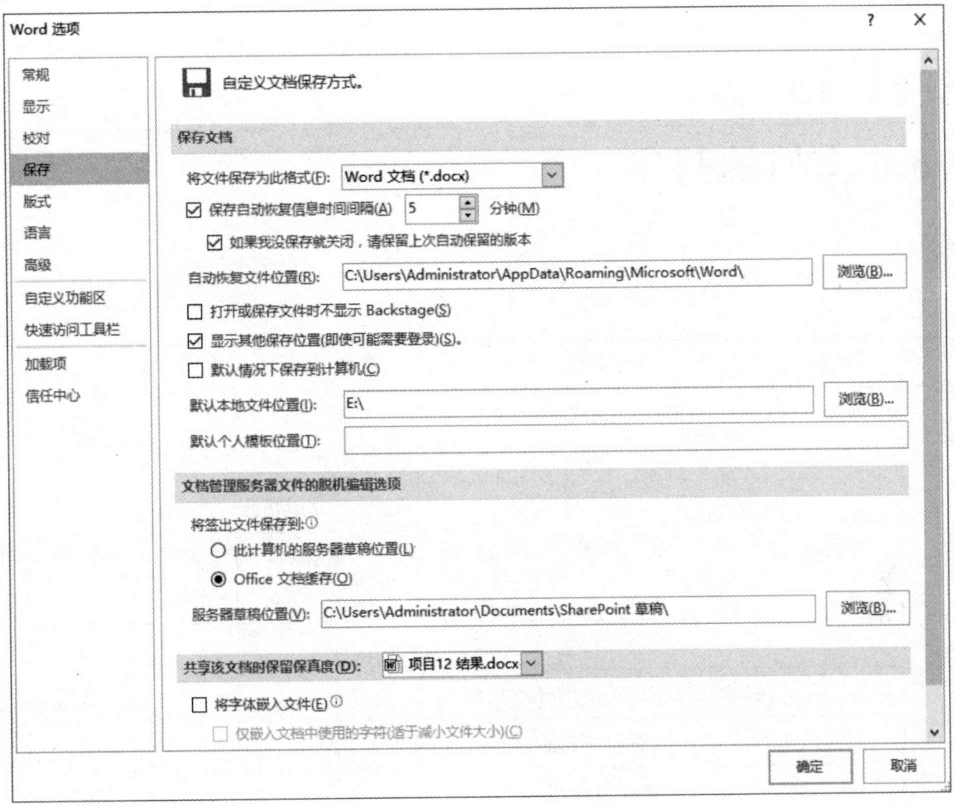
Word 选项
?
常规
显示
校对
保存
版式
语言
高级
自定义功能区
快速访问工具栏
加载项
信任中心
自定义文档保存方式。
保存文档
将文件保存为此格式(F):
Word 文档 (*.docx)
保存自动恢复信息时间间隔(A)
5
分钟(M)
如果我没保存就关闭，请保留上次自动保留的版本
自动恢复文件位置(R):
C:\Users\Administrator\AppData\Roaming\Microsoft\Word\
浏览(B)...
打开或保存文件时不显示 Backstage(S)
显示其他保存位置(即使可能需要登录)(S)。
默认情况下保存到计算机(C)
默认本地文件位置(I):
E:\
浏览(B)...
默认个人模板位置(T):
文档管理服务器文件的脱机编辑选项
将签出文件保存到:
此计算机的服务器草稿位置(L)
Office 文档缓存(O)
服务器草稿位置(V):
C:\Users\Administrator\Documents\SharePoint 草稿\
浏览(B)...
共享该文档时保留保真度(D):
项目12 结果.docx
将字体嵌入文件(E)
仅嵌入文档中使用的字符(适于减小文件大小)(C)
确定
取消

图 1－187　“保存”选项卡

项目 13

Word 文档的打印

基本信息	姓名		学号		班级		总评成绩	
	规定时间	30 min	完成时间		考核日期			
任务工单	序号	步骤	完成情况			标准分	评分
			完成	基本完成	未完成		
	1	页面设置				20	
	2	调整打印预览区的显示比例				15	
	3	设置打印份数				10	
	4	选择打印机				10	
	5	设置打印自定义范围				15	
	6	其他参数设置				20	
操作规范性						5	
安全						5	

【项目目标】通过打印"项目 13 素材.docx",掌握打印预览、打印(多份、某页、某些页)的使用方法,并生成打印文件。

【项目分析】本任务要求先对文档进行页面设置、打印设置,然后生成打印文件。

【知识准备】掌握 Word 页面打印项的设置方法。

【项目实施】

1. 打开文件"项目 13 素材.docx"。

2. 选择"文件"下拉菜单中的"打印"菜单项,打开如图 1–188 所示界面。

3. 页面设置如下:

(1)"纸张大小"为"B5",

(2)单击"正常边距"下拉菜单中的"自定义边距"命令,打开"页面设置"对话框,在"页边距"选项卡中,将上、下页边距均设为 2

视频 1–15
Word 文档的打印

厘米，左、右页边距均设为1.5厘米。

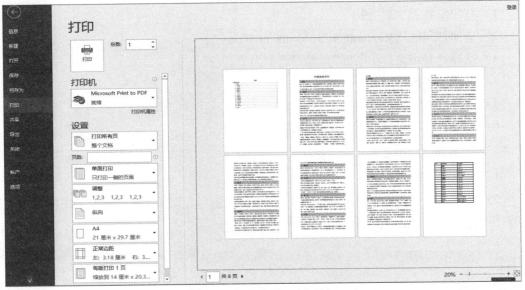

图1-188 "打印"选项卡

> **温馨提示**
>
> （1）对于"页面设置"，可以直接单击"页面设置"按钮，启动"页面设置"对话框进行设置。
>
> （2）如果文档已分为若干个节，需要切换到"布局"选项卡进行页面设置。

4. 调整打印预览区的显示比例（图1-189）。

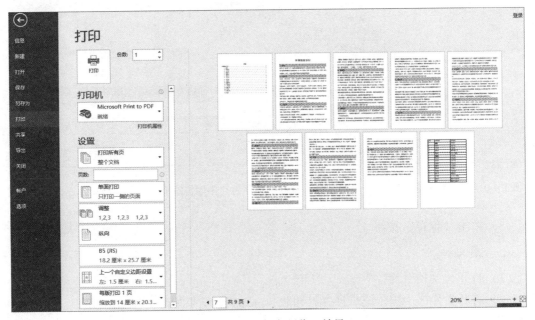

图1-189 "打印预览"效果

5. 打印设置。

（1）打印份数为"3"份。

（2）选择打印机"Microsoft XPS Document Writer"。

（3）选择"自定义打印范围"，设置页数为"2-8"。

（4）选择"单面打印"。

（5）选择"调整"。

（6）选择"纵向"，如图1-190所示。

6. 打印文档。

（1）单击"打印"按钮。

（2）在弹出的"将打印输出另存为"对话框中选择"文档"库，输入文件名"中国传统节日（打印版）.oxps"，如图1-191所示。

图1-190 打印设置

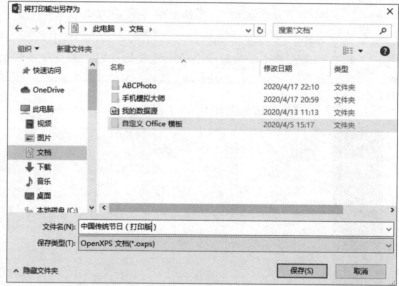

图1-191 另存为"中国传统节日（打印版）.oxps"

（3）单击"保存"按钮。

7. 查看文件。

（1）打开"文档"库。

（2）打开文件"中国传统节日（打印版）.oxps"，结果如图1-192所示。

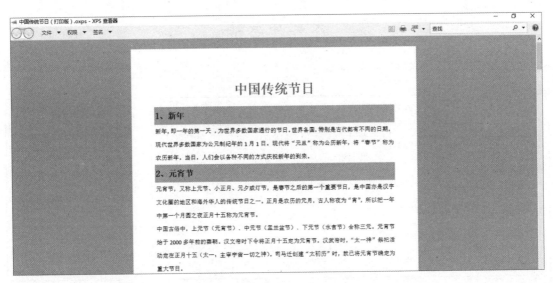

图 1-192　文件"中国传统节日（打印版）.oxps"效果

【项目总结】本项目主要练习页面设置及打印设置的方法。

本部分总结

【评价】

项目	相关知识点的掌握		操作的熟练程度		完成的结果	
	教师评价	学生自我评价	教师评价	学生自我评价	教师评价	学生自我评价
项目一						
项目二						
项目三						
项目四						
项目五						
项目六						
项目七						
项目八						
项目九						
项目十						
项目十一						
项目十二						
项目十三						

【小结】根据13个项目对Word文档的基本设置，完成了从文档的创建和保存、格式化操作、图文排版、表格制作等一系列任务，同时包含了一些高级操作，展现了Word十分强大的文档处理功能。

【练习与思考】

1. 制作一份完整的个人简历。
2. 阅读一本书，绘制一份图文并茂的手抄报。

第二部分
Microsoft Office Excel 2016 电子表格处理软件

【描述】

　　Excel 电子表格软件可以根据用户要求自动生成各种表格，能按照用户给定的计算公式完成复杂的表格计算并把结果自动填充到对应的单元格中。如果修改了相关的原始数据，计算结果会自动更新。利用表格中的原始数据可生成各种统计图表，可根据表格中的数据进行各种查询统计汇总操作。

【分析】

　　本部分主要从工作簿与工作表的相关操作、工作表的编辑与格式处理、数据计算、建立与编辑图表、数据管理和分析、打印与预览等方面进行设置。

【相关知识和技能】

　　本部分相关的知识点有：Excel 工作簿的创建与保存；格式处理；表格样式；排序和筛选；制作图表；公式和函数的使用；高级筛选和分类汇总；设置页眉、页脚与页码；设置打印区域和打印预览。

项目 1
Excel 文档的创建与保存

基本信息	姓名		学号		班级			总评成绩	
	规定时间	20 min	完成时间		考核日期				
任务工单	序号	步骤			完成情况			标准分	评分
					完成	基本完成	未完成		
	1	启动 Excel 2016						15	
	2	建立文档						20	
	3	保存文档						15	
	4	文档的编辑与修改						20	
	5	加密文档						20	
操作规范性								5	
安全								5	

【项目目标】通过建立图 2-1 所示的原始文档,编辑后生成图 2-2 所示的新文档过程,熟悉文档创建的方法与技巧、文档保存和加密的方法。同时注意"保存"和"另存为"的区别。

【项目分析】要求理解工作簿、工作表的概念。利用 Excel 2016 熟练建立新工作簿、录入文字、合并单元格、设置文字对齐方式、保存工作簿、备份文档并加密。

【知识准备】Excel 工作簿的建立,工作簿、工作表、单元格、行、列的操作,单元格地址的表示方法、文档的加密。

【项目实施】

1. 启动 Excel 2016 电子表格应用程序,新建工作簿并保存。

(1) 单击"开始"按钮,打开"开始"菜单,选择"所有应用",再单击"Excel",如图 2-3 所示。

视频 2-1
Excel 文档的创建与保存

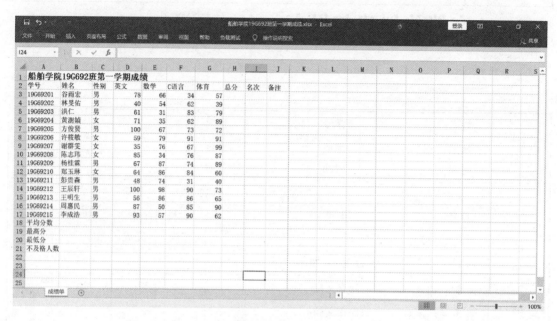

图 2-1 录入原文

图 2-2 编辑后样文

图 2-3　启动 Microsoft Excel 2016

（2）启动 Excel 2016 应用程序窗口，如图 2-4 所示。

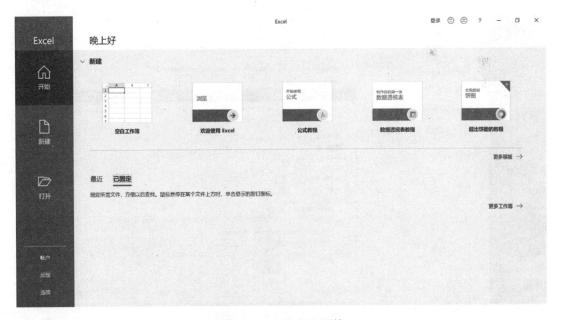

图 2-4　Excel 界面环境

（3）在"开始"选项中单击"空白工作簿"，系统自动建立一个文件名为"工作簿 1"的空文档（此文件名为临时文件名），显示用户操作主界面，如图 2-5 所示。

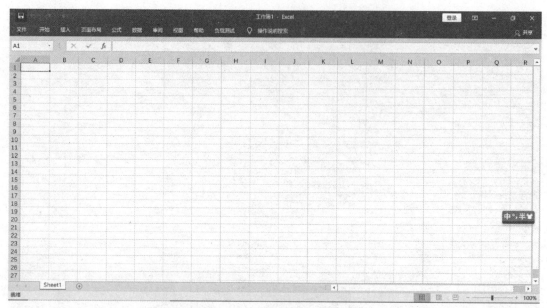

图 2-5　工作簿 1 操作主界面

2. 第一次保存工作簿。

（1）打开"文件"菜单，单击"保存"→"浏览"按钮，弹出"另存为"对话框，如图 2-6 所示。

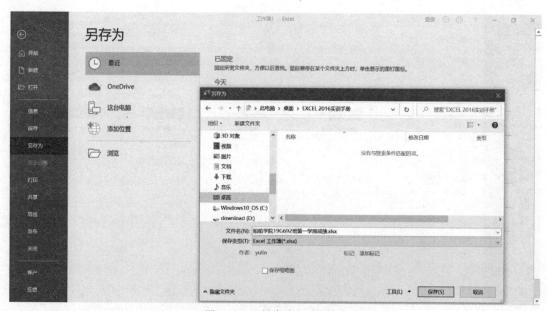

图 2-6　"另存为"对话框

（2）在"另存为"对话框中，保存文件的注意事项如下：
①保存位置。选定文件要保存的磁盘与文件夹。
②"文件名"组合框。输入文档的名称"船舶学院 19G692 班第一学期成绩"。

③ "保存类型"下拉列表框。选定文档的保存类型,默认为"Excel 工作簿(*.xlsx)"类型。

(3) 单击"保存"按钮,即可完成文件的保存。此时 Excel 2016 窗口标题变为"船舶学院 19G692 班第一学期成绩.xlsx"。

(4) 单击功能区"文件"标签,向下滚动鼠标滑轮,单击"选项",弹出"Excel 选项"对话框。单击左侧的"保存"选项,弹出"自定义工作簿的保存方法"。在"保存工作簿"选项组中,设置"保存自动恢复信息时间间隔"为 2 分钟,勾选"如果我没保存就关闭,请保留上次自动恢复的版本",设置自动恢复文件位置,如图 2-7 所示。

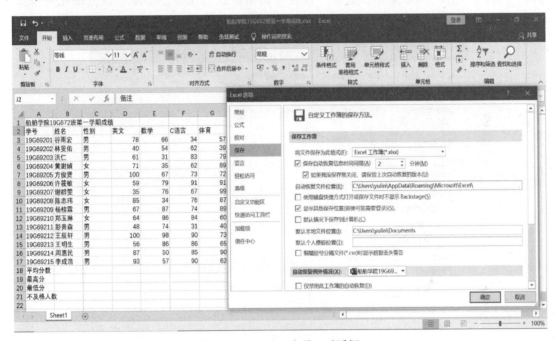

图 2-7 "Excel 选项"对话框

3. 在 Sheet1 工作表中输入图 2-1 所示的原文内容。

(1) 在 A1 单元格中输入标题内容"船舶学院 19G692 班第一学期成绩",并按 Enter 键或单击编辑框的"√"按钮,确认输入表格标题,第 1 行录入完毕。

(2) 在 A2 单元格中输入"学号",B2 至 J2 单元格中依次输入"姓名""性别""英文""数学""C 语言""体育""总分""名次""备注"字样。第 2 行录入完毕。

(3) 在 A3 单元格中输入"19G69201",B3 至 G3 单元格中依次输入"谷雨宏""男""78""66""34""57"字样。第 3 行录入完毕。观察输入的内容文字和数字的对齐方式。

(4) 参考图 2-1,依次录入第 4~17 行的内容。

(5) 在 A18 单元格中输入"平均分数",第 18 行录入完毕。

(6) 在 A19 单元格中输入"最高分",第 19 行录入完毕。

(7) 在 A20 单元格中输入"最低分",第 20 行录入完毕。

(8) 在 A21 单元格中输入"不及格人数",第 21 行录入完毕。

4. 工作表内容的编辑与修改。

（1）合并单元格 A1。选择 A1:J1 单元格，单击"开始"选项卡"对齐方式"工作组"合并后居中"按钮，合并后单元格名称为 A1。设置字体为"宋体""15""加粗"。

（2）合并单元格 A18。选择 A18:C18 单元格，单击"合并后居中"按钮，合并后单元格名称为 A18。

（3）用同样的操作规范分别合并单元格 A19、A20、A21。效果如图 2-2 所示。

（4）选择 A2:J17 单元格区域，单击"开始"选项卡"单元格"工作组"格式"按钮，弹出"单元格大小"级联菜单，选择"设置单元格格式"命令，弹出"设置单元格格式"对话框，如图 2-8 所示。单击"对齐"选项卡，文本水平对齐、垂直对齐均"居中"。

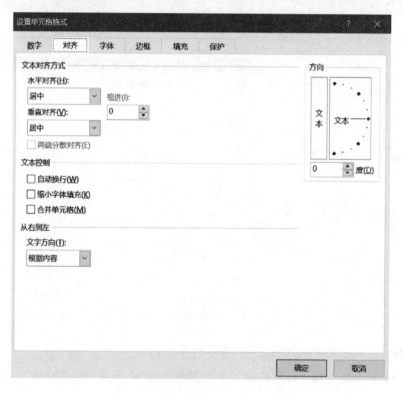

图 2-8 "设置单元格格式"对话框

5. 再次保存工作簿。

打开"文件"菜单，选择"保存"命令，或单击"保存"按钮，将刚才所做修改保存到工作簿中，此时不会再出现"另存为"对话框，以原名、原类型、原位置保存。

6. 为文档做一备份并加密。

文档保存后，打开"文件"菜单，单击"另存为"命令，再次打开"另存为"对话框。选择另一磁盘中的某个文件夹，单击"工具"按钮，选择"常规选项"，弹出"常规选项"对话框，在"打开权限密码"框中输入密码，如图 2-9 所示，单击"确定"按钮，弹出"确认密码"对话框，再次输入密码，单击"确定"按钮，再单击"保存"按钮，完成文件的备份。

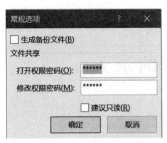

图2-9 "常规选项"对话框

【操作技巧】

①新文档的建立遵循"先录入，后编辑，存盘贯穿始终"的原则。

②录入过程中，若某个词汇频繁出现（如 Excel 2016），可先用代码代替（如 E16），最后再统一替换，可大大提高录入速度。

③重要文件要养成做备份的好习惯。

④文件命名要能表达文档内容，见名知义，便于今后查阅。

⑤在编辑过程中，要善于使用"撤销"和"恢复"功能来更正错误操作。

⑥在 Excel 2016 版本中，通过单击"文件"菜单"新建"命令，弹出右侧级联菜单，单击"欢迎使用 Excel"图标，Excel 2016 软件提供了多个供学习者使用的教程，帮助学习者完成在线学习。

⑦从模板快速创建工作簿。通过单击"文件"菜单"新建"命令，弹出右侧级联菜单，选择"学生课程安排"等满足使用者需求的各类工作簿模板。

【项目总结】本项目介绍了 Excel 2016 的创建与保存、录入文字内容的方法和技巧，并对文件做了加密处理。

项目 2
Excel 文档中数据的录入

<table>
<tr><td rowspan="2">基本信息</td><td>姓名</td><td></td><td>学号</td><td></td><td>班级</td><td></td><td rowspan="2">总评成绩</td><td rowspan="2"></td></tr>
<tr><td>规定时间</td><td>20 min</td><td>完成时间</td><td></td><td>考核日期</td><td></td></tr>
<tr><td rowspan="7">任务工单</td><td rowspan="2">序号</td><td rowspan="2">步骤</td><td colspan="3">完成情况</td><td rowspan="2">标准分</td><td rowspan="2">评分</td></tr>
<tr><td>完成</td><td>基本完成</td><td>未完成</td></tr>
<tr><td>1</td><td>增删改行或列</td><td></td><td></td><td></td><td>15</td><td></td></tr>
<tr><td>2</td><td>手动录入数据</td><td></td><td></td><td></td><td>20</td><td></td></tr>
<tr><td>3</td><td>批量录入数据</td><td></td><td></td><td></td><td>15</td><td></td></tr>
<tr><td>4</td><td>编辑数据格式</td><td></td><td></td><td></td><td>20</td><td></td></tr>
<tr><td>5</td><td>查找替换功能</td><td></td><td></td><td></td><td>20</td><td></td></tr>
<tr><td colspan="3">操作规范性</td><td colspan="3"></td><td>5</td><td></td></tr>
<tr><td colspan="3">安全</td><td colspan="3"></td><td>5</td><td></td></tr>
</table>

【项目目标】制作如图 2-10 所示的表格。利用 Excel 2016 录入如下信息,并将工作表保存为"项目 2 Excel 文档中数据的录入. xlsx",进一步学习表格数据录入操作。通过增加或删除列和行的基本操作,快速掌握手动录入数据和批量录入数据技巧。熟练查找、替换和选择操作。

学号	姓名	年龄	出生日期	身份证号	分数
201901	赵	18	2000-12-01	210198200012019842	8/9
201902	钱	17	1999-11-04	210717199911048709	67/77
201903	孙	19	2001-01-09	211324200101096121	45/79
201904	李	20	2002-05-08	210825200205080023	43/50

图 2-10 项目 2 效果图

【项目分析】本项目要求使用 Excel 2016 完成多种数据录入及数据格式的修改等操作。

【知识准备】掌握 Excel 文本数字、日期、分数等数据的录入方法,掌握设置单元格格式对话框的使用方法,学会数据的删除等。

【项目实施】

1. 启动 Excel 2016，建立新文档。

(1) 选择"开始"菜单，选择"所有应用"，再单击"Excel 2016"，启动 Excel 软件。

视频 2-2
Excel 文档中
数据的录入

(2) 系统自动建立一个文件名为"工作簿1"的空文档（此文件名为临时文件名）。系统默认自动建立一张工作表，名字为"Sheet1"，如图 2-11 所示。

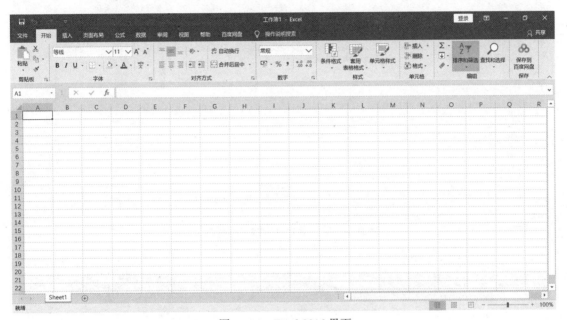

图 2-11　Excel 2016 界面

2. 数据录入。

(1) 表头（列标题）的录入。将光标（插入点）移动到 A1 单元格，打开中文输入法，输入"学号"两字，若按行输入，则按向右方向键"→"向右移到 B 列，输入"姓名"字样……；若按列输入，则每输入完一个数据，就按一次 Enter 键，光标向下移动一行。这里先按行完成表头的输入，效果如图 2-12 所示。

(2) 输入学号和身份证号。输入纯数字的文本，有两种方法：

①输入学号。将光标移到 A1 单元格，键入"201901"并按 Enter 键，"201901"在单元格中自动左对齐，表明此数据为文本（文本默认为左对齐状态），单元格左上角有一个绿色小标记，也表明此单元格中数据为文本（及时改变此单元格的对齐方式，绿色标记也不会消失），按此方法输入其余学号，效果如图 2-13 所示。此方法用于小批量输入。

②输入身份证号。将光标移到 E2 单元格，若直接输入"210825200205080023"，系统认为这个数值较大，故用科学计数法表示，会出现"2.10982E+16"，如图 2-14 所示。

③此时先删除此单元格中的数据，选定单元格区域 E2:E5，并在此区域单击鼠标右键，在弹出的快捷键菜单中选择"设置单元格格式"命令，如图 2-15 所示。打开"设置单元格格式"对话框，如图 2-16 所示。

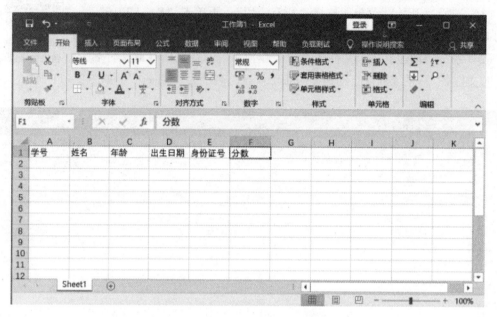

图 2-12　表头数据的录入效果

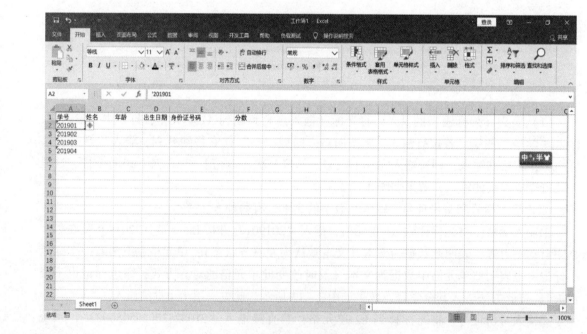

图 2-13　录入"学号"列数据效果

图 2-14 错误录入"身份证号"列数据效果

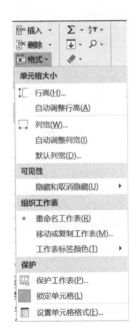

图 2-15 选择"设置
单元格格式"命令

图 2-16 "设置单元格格式"对话框

④单击"数字"选项卡,在"分类"中选择"文本",并单击"确定"按钮,此时再在 E2:E5 单元格区域中输入身份证号,就会正确显示了(输入完毕,左上角也会出现绿色小标记,表示是文本格式)。此方法用于大批量输入。

(3) 输入"姓名"列数据。正常输入"姓名"列数据,自动左对齐。

(4) 输入"年龄"列数据。正常输入"年龄"列数据,自动右对齐。

（5）输入"出生日期"列数据。输入"1996－12－1"，显示为"1996/12/1"。若要输入其他格式的日期（1996－12－01），可采用如下两种方法：

①先输入日期，如"1996－12－1"，输入完毕后，选择单元格区域 D2:D5，单击"开始"功能区"数字"组的"对话框启动器"按钮，如图 2－17 所示。打开"设置单元格格式"对话框的"数字"选项卡，在分类中选择"日期"，如图 2－18 所示，选择所需的日期格式即可全部转换成所选日期格式。

图 2－17 "设置单元格格式"对话框

②先选择要输入日期的单元格区域 D2:D5，单击鼠标右键，选择"设置单元格格式"命令，如图 2－19 所示，单击"设置单元格格式"选项，打开"设置单元格格式"对话框，单击"数字"选项卡，在分类中选择"日期"，如图 2－18 所示，选择所需的日期格式。当在 D2 单元格中输入"2000/12/1"时，该日期自动转变成"2000－12－01"。

图 2－18 设置日期格式

图 2－19 右键快捷菜单

（6）输入分数。

输入分数有两种方法：

①单击单元格 F2，键入"0 + 空格 + 8/9"，单元格中显示为"8/9"，编辑栏中显示"0.888888888888889"，表明此单元格中存放的是数值 0.888888888888889。依此方法输入其他分数。此方法用于小批量输入。

②选择要输入分数的单元格区域 F2:F5，用上面的方法打开"设置单元格格式"对话框，选择"数字"选项卡，在分类中选择"分数"，如图 2－20 所示，选择所需的分数格式。当在

F2 单元格中输入"8/9"时,单元格中显示为"8/9",编辑栏中显示"0.888888888888889",表明此单元格中存放的是数值 0.888888888888889。依此方法输入其他分数。此方法用于小批量输入。

图 2-20　设置分数格式

3. 保存文档。

选择"文件"→"保存"命令,打开"另存为"对话框,如图 2-21 所示。

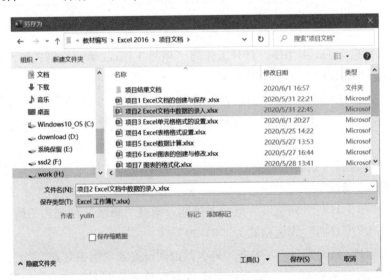

图 2-21　"另存为"对话框

【项目总结】本项目使用 Excel 的"设置单元格格式"对话框对录入的数据格式进行设置,掌握文本数字的录入方法和分数的录入方法。

项目 3
Excel 文档的格式化设置

基本信息	姓名		学号		班级		总评成绩	
	规定时间	20 min	完成时间		考核日期			
任务工单	序号	步骤	完成情况			标准分	评分	
			完成	基本完成	未完成			
	1	单元格标题设置				15		
	2	删除单元格				20		
	3	改变对齐方式				15		
	4	调整行高（列宽）				20		
	5	清除超链接				20		
操作规范性						5		
安全						5		

【项目目标】启动 Excel 2016，打开工作簿"项目 3 Excel 单元格格式的设置.xlsx"。选择工作表"Sheet1"，完成如下操作：

（1）将第一行标题文字"学生信息表"设置从 A1 到 I1 单元格合并后居中；修改"标题 2"样式，字体使用"微软雅黑"，字体颜色"黑色"，大小为 20 磅，并将该样式应用到标题文字上。

（2）删除"民族"列和"性别"列。调整列的顺序为"序号""姓名""班级""住址""出生日期""备注"。

（3）调整"出生日期"列宽度为最合适列宽。调整"班级"列宽为 7 磅。

（4）设定"出生日期"列值格式为"03/29"。

（5）除"地址"列设置为"左对齐"外，其他列设置为"居中对齐"（上、下都居中）。

（6）设置标题行字号 12，加粗，并设置标题行单元格背景颜色为"蓝色，个性色 1，淡色 60%"。

（7）清除"住址"列所有单元格的超链接。

【项目分析】本项目要求使用 Excel 对工作表单元格进行编辑与格式处理。

【知识准备】掌握设置 Excel 标题、设置字体字号、删除单元格、调整列顺序、调整列宽、设置单元格、改变对齐方式、清除超链接的方法。

【项目实施】

1. 启动"Excel 2016 电子表格"应用程序，打开"项目 3 Excel 文档的格式化设置.xlsx"。

视频 2-3
Excel 文档的
格式化设置

（1）单击"开始"按钮，打开"开始"菜单，选择"所有应用"，再单击"Excel"，启动 Excel 2016，如图 2-22 所示。

图 2-22 从"开始"菜单启动

（2）选择"文件"选项卡组的"打开"，选择文件所在位置，选择"项目 3 Excel 文档的格式化设置.xlsx"文档，单击"打开"按钮，如图 2-23 所示。

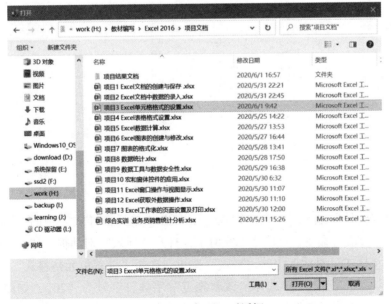

图 2-23 "打开"对话框

2. 修改单元格格式。

（1）选中 A1:I1 单元格区域，如图 2-24 所示，选择"开始"选项卡，单击"对齐方式"组中的"合并后居中"按钮，如图 2-25 所示。

图 2-24　选中 A1:I1 单元格区域

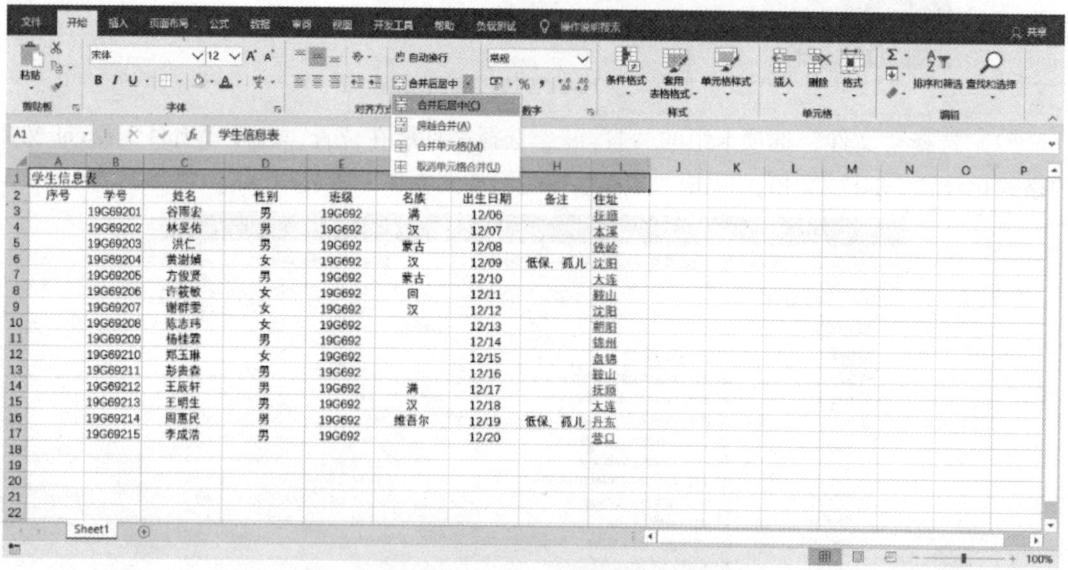

图 2-25　"合并后居中"命令

（2）选择"开始"选项卡，在"样式"中右击"单元格样式"中的"标题 2"，在快捷菜单中选择"修改"命令，如图 2-26 所示，打开"样式"对话框，如图 2-27 所示。

（3）单击"样式"对话框中的"格式"按钮，打开"设置单元格格式"对话框，选择"字体"选项卡，在"字体"中选择"微软雅黑"字体，字号为"20"，如图 2-28 所示。然后单击"确定"按钮，继续单击"样式"对话框中的"确定"按钮。

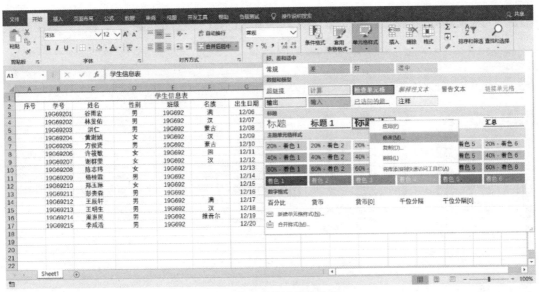

图 2-26 合并后居中效果

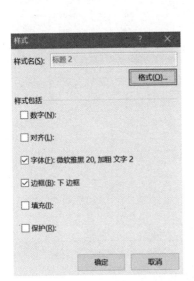

图 2-27 "样式"对话框　　　　图 2-28 "设置单元格格式"对话框

(4) 选中标题，单击"开始"选项卡"样式"组中的"单元格样式"下拉按钮，单击"标题 2"样式按钮，如图 2-29 所示。最终效果如图 2-30 所示。

3. 删除列及调整列顺序。

(1) 单击 D 列和 H 列的列标，选中所要删除的列，单击"开始"选项卡"单元格"组中的"删除"命令的下拉按钮，选择"删除工作表列"命令，如图 2-31 所示。

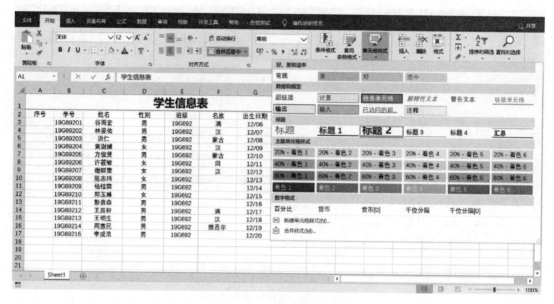

图2-29 "应用标题2"样式

图2-30 应用"标题2"样式的最终效果

（2）选中A1单元格，单击"合并后居中"按钮，暂时取消单元格合并。选中"住址"列，移动鼠标指针到选定区域的黑色边框上，待指针变成四向箭头形状时按住Shift键，并用鼠标拖曳到目标位置，出现"I"字形虚线时释放鼠标和按键，如图2-32所示。选中A1单元格，再次单击"合并后居中"按钮，恢复单元格合并居中功能。最终效果如图2-33所示。

图 2-31 "删除工作表列"命令

图 2-32 移动列

图 2-33 移动后效果

4. 调整单元格列宽。

(1) 选中"出生日期"列,选择"开始"选项卡"单元格"组中的"格式"命令,在弹出的菜单中选择"自动调整列宽"命令,如图 2-34 所示。

图 2-34 "自动调整列宽"命令

(2) 选择"班级"列,单击鼠标右键,在弹出的快捷键菜单中选择"列宽"命令,如图 2-35 所示。在弹出的"列宽"对话框中输入"10",如图 2-36 所示,单击"确定"按钮。

图 2-35 "列宽"命令　　　　　图 2-36 "列宽"对话框

5. 设定日期格式。

(1) 选择"开始"选项卡,单击"数字"组的"对话框启动器"按钮,如图 2-37 所示。

图 2-37　单击"对话框启动器"按钮

(2) 打开"设置单元格格式"对话框,选择"数字"选项卡,在"分类"中选择"自定义",在"类型"中输入"mm/dd",如图 2-38 所示,单击"确定"按钮。最终效果如图 2-39 所示。

图 2-38 "设置单元格格式"对话框

图 2-39 调整日期格式最终效果

6. 单元格对齐方式。

选中"地址"列,在"开始"选项卡"对齐方式"组中单击"左对齐"按钮,如图 2-40 所示。其他列设置居中对齐,如图 2-41 所示。

图 2-40 设置"地址"列左对齐

图 2-41 设置其他列居中对齐

7. 设置行字号,填充标题背景。

(1) 选中标题行,选择"开始"选项卡,在"字体"组中设置字号为"12",单击"加粗"按钮,选择"填充颜色"为"蓝色,个性色1,淡色60%",如图 2-42 所示。

(2) 最终效果如图 2-43 所示。

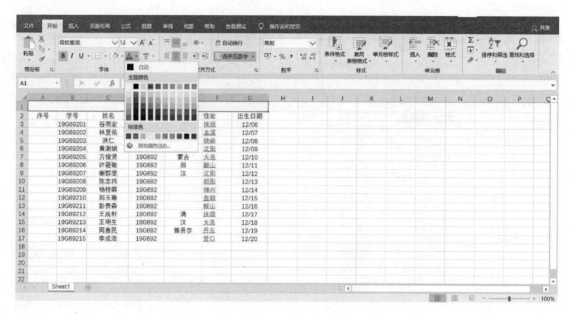

图2-42 设置标题行格式

图2-43 标题行最终效果

8. 清除单元格的超链接。

(1)选中"住址"列,单击"开始"选项卡"编辑"组中的"清除"按钮,选择"清除超链接"命令,如图2-44所示。

(2)最终效果如图2-45所示。

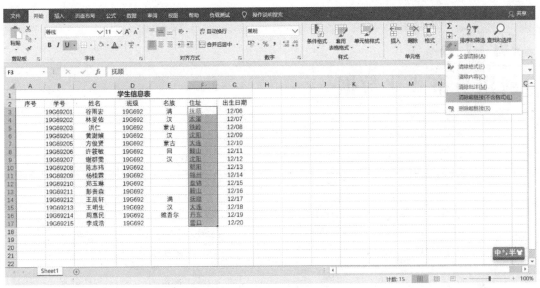

图 2-44 "清除超链接"命令

图 2-45 清除超链接后的效果

【项目总结】本项目使用 Excel 的"开始"选项卡中的命令进行合并单元格、调整列的顺序,以及对齐方式、字体、字号的设置等操作。

项目 4
创建与格式化数据

基本信息	姓名		学号		班级		总评成绩	
	规定时间	20 min	完成时间		考核日期			
任务工单	序号	步骤		完成情况			标准分	评分
				完成	基本完成	未完成		
	1	条件格式					15	
	2	突出显示规则					20	
	3	套用表格样式					15	
	4	表格转换为区域					20	
	5	新建格式规则					20	
操作规范性							5	
安全							5	

【项目目标】启动 Excel 2016，打开工作簿"项目 4 Excel 表格格式设置.xlsx"。

选择工作表"Sheet1"，完成如下操作：

将工作表内容格式化为表格，套用"金色，表样式中等深浅 19"表格样式，再转换为区域。

选择工作表"Sheet2"，完成如下操作：

(1) 使用"三个符号（有圆圈）"图标集设定"总分"列值的条件格式：大于或等于 200，显示绿色标记；小于 150，显示红色标记；其余不显示任何图标。

(2) "等级"列，使用"突出显示单元格规则"设置，单元格值为"A"，则文字显示为"黄色"。

【项目分析】本项目要求利用 Excel 2016 为表格套用格式，再将表格转换为区域；使用条件格式命令设置特殊条件格式。

【知识准备】学会套用表格样式，将表格转换为区域等。

视频 2-4
创建与格式化数据

【项目实施】

1. 打开素材文件"项目 4 Excel 表格格式设置.xlsx",选择"Sheet1"工作表。

(1) 选中数据区域,如图 2-46 所示。

图 2-46 选中数据区域

(2) 选择"开始"选项卡,单击"样式"组中的"套用表格格式"后面的下拉按钮,如图 2-47 所示。

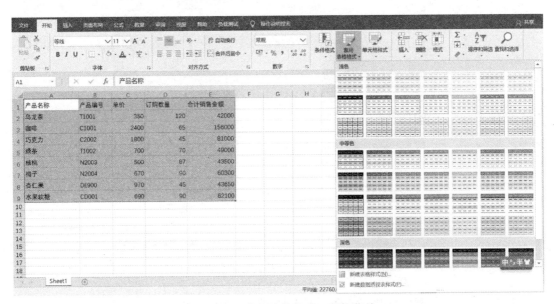

图 2-47 "套用表格格式"下拉菜单

(3) 单击其中的"金色,表样式中等深浅 19"。

（4）在弹出的"套用表格式"对话框中确认数据区域，选择"表包含标题"复选框，如图 2-48 所示。单击"确定"按钮。

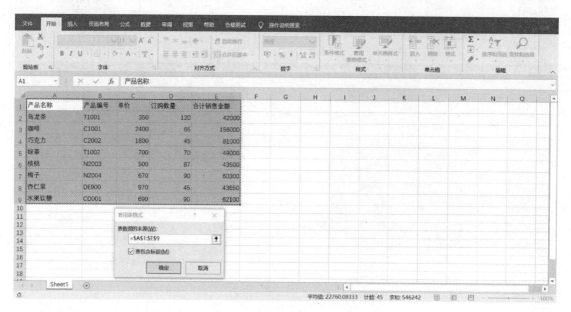

图 2-48 "套用表格式"对话框

（5）最终效果如图 2-49 所示。

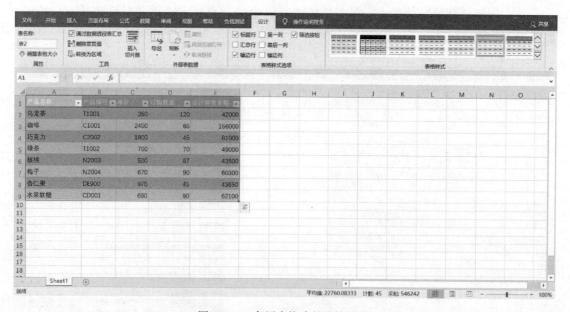

图 2-49 套用表格式的最终效果

（6）选择表格区域，打开"表格工具/设计"选项卡，单击"工具"组中的"转换为区域"按钮，如图 2-50 所示。

(7) 在弹出的对话框中单击"是"按钮，如图 2 – 51 所示。

(8) 最终效果如图 2 – 52 所示。

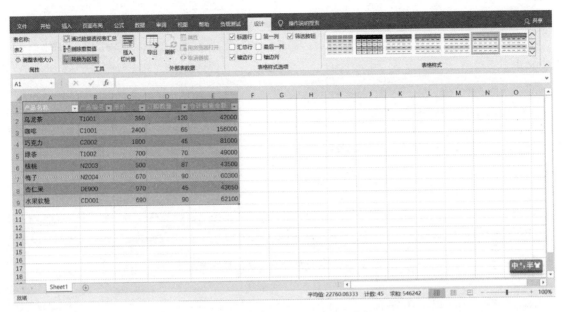

图 2 – 50　单击"转换为区域"按钮

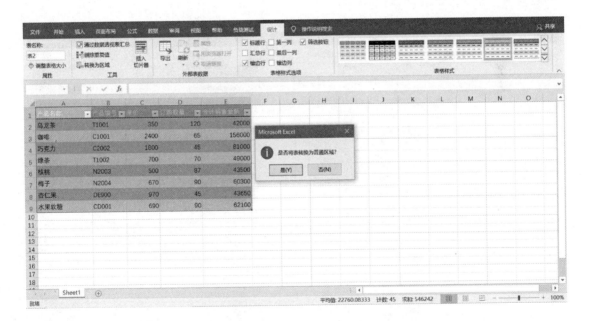

图 2 – 51　单击"是"按钮

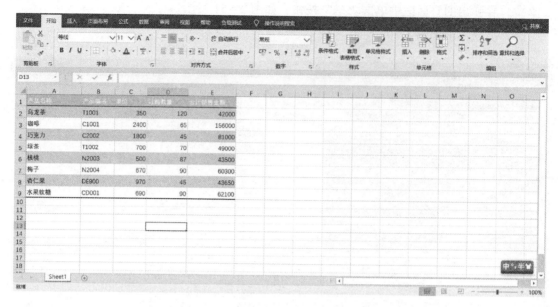

图 2-52 表格转换为区域的最终效果

2. 选择"Sheet2"工作表。

（1）选中"总分"列，打开"开始"选项卡，单击"条件格式"的下拉按钮，选择"新建规则"命令，如图 2-53 所示。

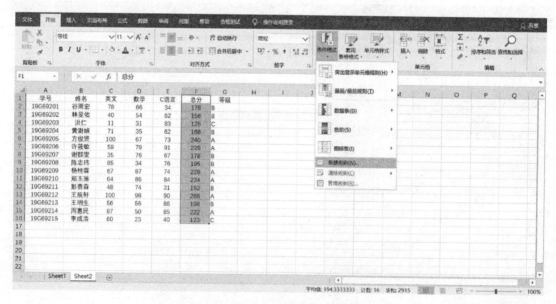

图 2-53 "新建规则"命令

（2）在"新建格式规则"对话框中，"格式样式"选择"图标集"，其他设置如图 2-54 所示。单击"确定"按钮。最终效果如图 2-55 所示。

图 2-54 "新建格式规则"对话框

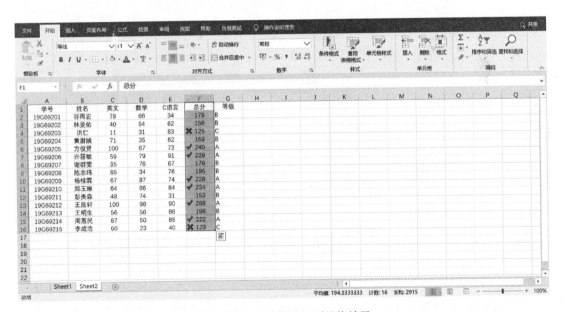

图 2-55 新建格式规则最终效果

3. 修改"等级"列条件格式。

(1) 选中"等级"列,打开"开始"选项卡,单击"条件格式"下拉菜单的"突出显示单元格规则"选项中的"等于"命令,如图 2-56 所示。

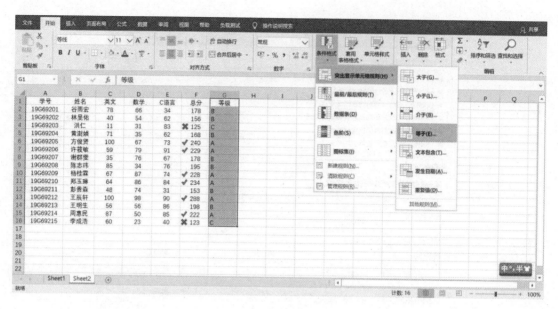

图2-56 "等于"命令

（2）在弹出的"等于"对话框中，按如图2-57所示进行设置。单击"确定"按钮。

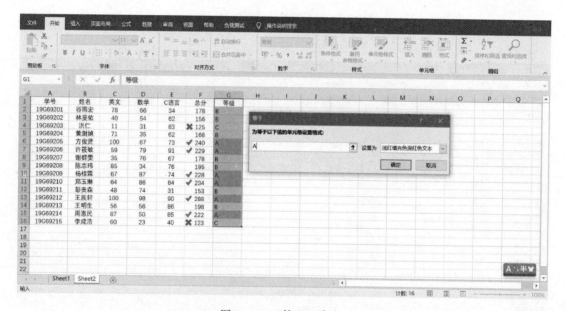

图2-57 "等于"命令

（3）在弹出的"设置单元格格式"对话框中，选择"字体"选项卡，按图2-58所示进行设置。然后单击"确定"按钮。最终效果如图2-59所示。

【项目总结】本项目使用表格样式命令对表格进行格式设置，使用条件格式对表格进行特殊格式的设置。

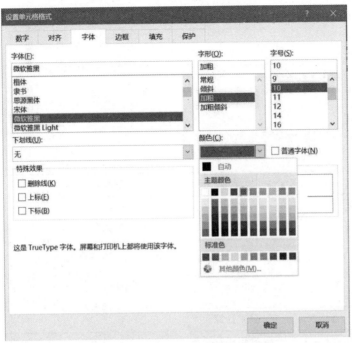

图 2-58 "设置单元格格式"对话框

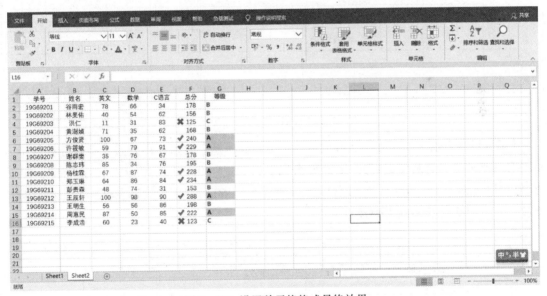

图 2-59 设置单元格格式最终效果

项目 5

Excel 数据计算

基本信息	姓名		学号		班级			总评成绩	
	规定时间	20 min	完成时间		考核日期				

任务工单	序号	步骤	完成情况			标准分	评分
			完成	基本完成	未完成		
	1	公式计算				15	
	2	常用函数				20	
	3	数据统计				15	
	4	自定义排序				20	
	5	表格修饰				20	
操作规范性						5	
安全						5	

【项目目标】有一个工作表，其内容如图2-60所示。要求使用公式及函数计算每个人的总分、平均分及分数等级（90分及90分以上为"优"，80分及80分以上为"良"，70分及70分以上为"中"，60分及60分以上为"及格"，60分以下为"不及格"），根据分数排名次，统计每个分数段的人数及百分比。

	A	B	C	D	E	F	G	H	I	J
1	学生成绩表									
2	分数段	90~100	80~90	70~80	60~70	60以下				
3	人数									
4	比例									
5	学号	姓名	数学	英语	C语言	信息技术	总分	平均分	等级	名次
6	19G69201	谷雨宏	87	98	65	73				
7	19G69202	林旻佑	98	90	87	82				
8	19G69203	洪仁	56	87	45	78				
9	19G69204	黄澍娴	45	60	23	69				
10	19G69205	方俊贤	76	89	82	93				
11	19G69206	许筱敏	74	89	94	86				
12	19G69207	谢群雯	100	92	89	94				
13	19G69208	陈志玮	45	85	60	64				
14	19G69209	杨桂霖	91	87	79	83				
15	19G69210	郑玉琳	67	60	78	85				
16	19G69211	彭贵森	69	81	49	78				
17	19G69212	王辰轩	90	82	80	88				

图2-60 项目素材表

【项目分析】本项目要求利用 Excel 2016 的公式和函数进行数据统计和计算。
【知识准备】掌握 Excel 公式的编辑方法和函数的使用方法。
【项目实施】

1. 启动 Excel 2016，打开工作簿"项目 5 Excel 数据计算.xlsx"，选择工作表"Sheet1"。
2. 使用函数和公式计算数值。
（1）计算"谷雨宏"的总分。

方法一：

①单击单元格 G6。

视频 2-5
Excel 数据计算

②单击编辑栏上的"插入函数"按钮，如图 2-61 所示，或选择"公式"选项卡"函数库"组中的"插入函数"命令，如图 2-62 所示，均可打开"插入函数"对话框。在"选择函数"列表框中选择"SUM"函数，如图 2-63 所示。

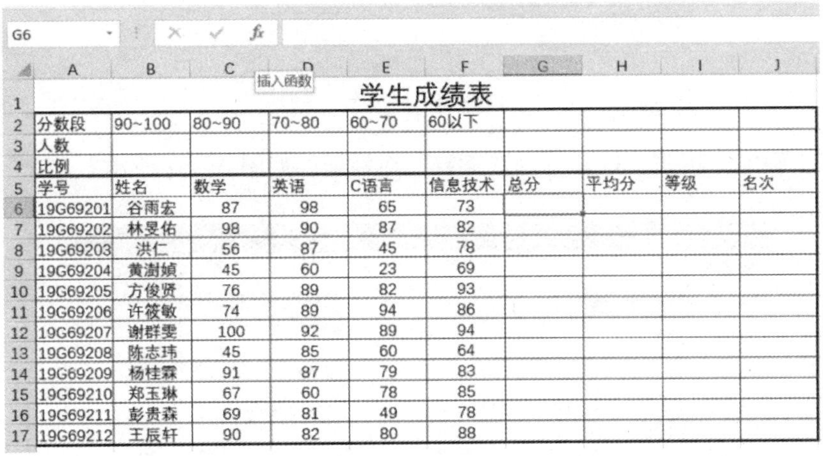

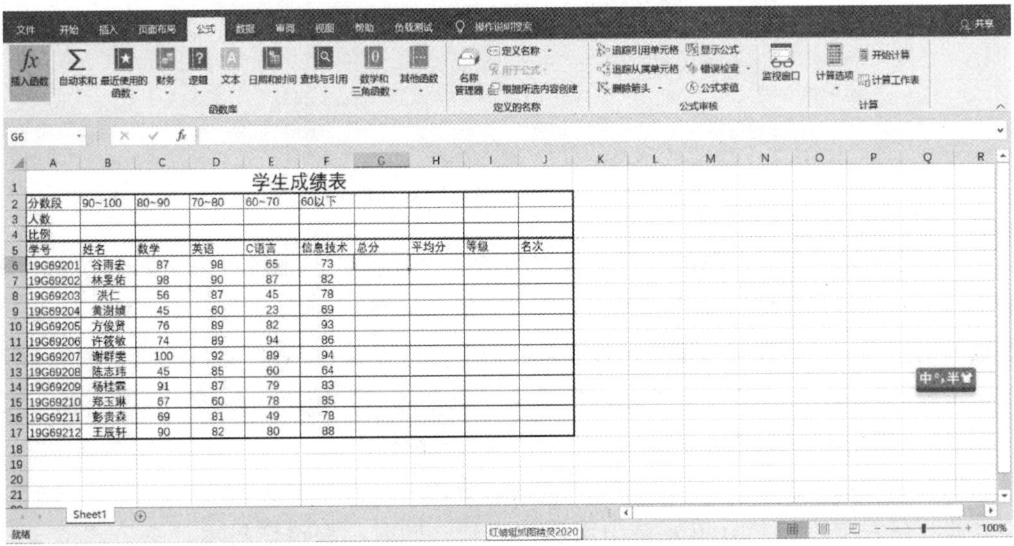

图 2-61 编辑栏上的"插入函数"按钮

图 2-62 功能区的"插入函数"命令

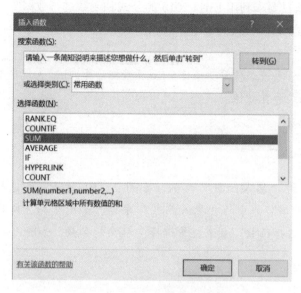

图 2-63 "插入函数"对话框

③单击"确定"按钮,打开"函数参数"对话框,如图 2-64 所示。

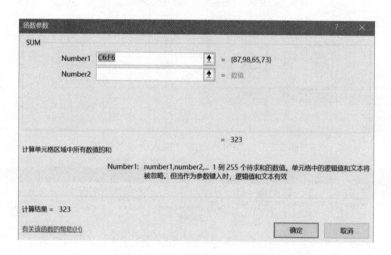

图 2-64 "函数参数"对话框

④可以直接输入需要求和的单元格区域的地址"C6:F6",也可以采用如下方法:单击参数框右边的"选择区域"按钮,弹出如图 2-65 所示的"函数参数"对话框。隐藏"函数参数"对话框,然后在工作表中选择要求和的单元格区域 C6:F6,此时所选定的单元格区域被一个虚框围住,如图 2-66 所示。再单击"选择区域"按钮,返回"函数参数"对话框,则选定的单元格区域地址将自动填入对话框的参数栏中。

⑤单击"确定"按钮,完成谷雨宏的总分计算。

⑥此时在谷雨宏的总分单元格中出现"323",同时,编辑栏显示计算公式"=SUM(C6:F6)",如图 2-67 所示。

图 2-65 "函数参数"对话框

图 2-66 选择数据区域

方法二：

单击单元格 G6，输入"=SUM("，再选择要求和的单元格区域 C6:F6，最后输入")"，完成谷雨宏的总分计算。

方法三：

单击单元格 G6，直接在单元格内输入计算公式"=SUM(C6:F6)"，即可完成谷雨宏的总分计算。

（2）单击单元格 H6，使用公式"=AVERAGE(C6:F6)"计算谷雨宏的平均分。

图 2-67 编辑栏中显示公式

（3）单击 I6 单元格，输入公式"=IF(H6>=90,"优",IF(H6>=80,"良",IF(H6>=70,"中",IF(H6>=60,"及格","不及格"))))"，如图 2-68 所示，然后单击编辑栏中的"确认"按钮，或者按 Enter 键。

图 2-68 计算"等级"

（4）选择单元格区域 G6:I6，向下拖动单元格区域右下角的控制柄到第 17 行，如图 2-69 所示，完成所有人的数据计算，效果如图 2-70 所示。

图 2-69 选择拖动区域

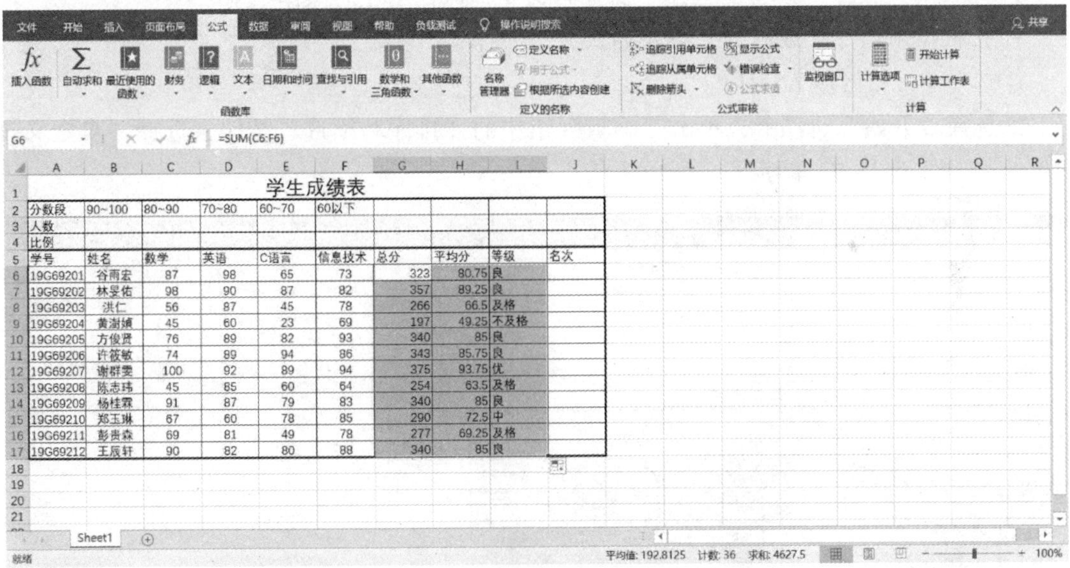

图 2-70 选择拖动区域最终效果

（5）修改平均分的小数位数。选择单元格区域 H6:H17，选择"开始"选项卡"数字"组中的"对话框启动器"按钮，如图 2-71 所示，打开"单元格格式"对话框。单击"数字"选项卡，在"分类"列表框中单击"数值"按钮，设置"小数位数"为"2"，并单击"确定"按钮。效果如图 2-72 所示。

图 2-71 单击"数字"组中的"对话框启动器"按钮

图 2-72　修改平均分的小数位数最终效果

(6) 单击"文件"按钮，选择"保存"命令，保存刚才的操作结果。

(7) 根据平均分（或总分）确定名次。

①选择单元格区域 A5:J17。

②选择"开始"选项卡，单击"编辑"组中的"排序和筛选"按钮，选择"自定义排序"命令，如图 2-73 所示。

图 2-73　"自定义排序"命令

③打开"排序"对话框，在"主要关键字"下拉列表中选择"平均分"，排序依据选择"单元格值"，次序选择"降序"，如图 2-74 所示。

④其他选项不变，单击"确定"按钮，完成按平均分的降序排序。

图2-74 "排序"对话框

⑤在J6单元格中输入"1",在J7单元格中输入"2",选择单元格区域J6:J7。

⑥向下拖动单元格区域J6:J7右下角的控制柄到第17行,完成名次的填充。

3. 统计每个分数段的人数和百分比。

(1) 统计每个分数段的人数。结果如图2-75所示。

①单击单元格B3,输入公式" =COUNTIF(H6:H17,">=90")",统计平均分在90分及90分以上的人数。

②单击单元格C3,输入公式" =COUNTIF(H6:H17,">=80") -COUNTIF(H6:H17,">=90")",统计平均分在80分及80分以上的人数。公式也可写成" =COUNTIF(H6:H17,">=80") -B3"。

③单击单元格D3,输入公式" =COUNTIF(H6:H17,">=70" -COUNTIF(H6:H17,">=80")",统计平均分在70分及70分以上的人数。公式也可写成" =COUNTIF(H6:H17,">=70") -B3 -C3"。

④单击单元格E3,输入公式" =COUNTIF(H6:H17,">=60") -COUNTIF(H6:H17,">=70")",统计平均分在60分及60分以上的人数。公式也可写成" =COUNTIF(H6:H17,">=60") -B3 -C3 -D3"。

⑤单击单元格F3,输入公式" =COUNTIF(H6:H17,"<60")",统计平均分少于60分的人数。

	A	B	C	D	E	F	G	H	I	J
1	学生成绩表									
2	分数段	90~100	80~90	70~80	60~70	60以下				
3	人数	1	6	1	3	1				
4	比例									
5	学号	姓名	数学	英语	C语言	信息技术	总分	平均分	等级	名次
6	19G69207	谢群雯	100	92	89	94	375	93.75	优	1
7	19G69202	林婴佑	98	90	87	82	357	89.25	良	2
8	19G69206	许筱敏	74	89	94	86	343	85.75	良	3
9	19G69205	方俊贤	76	89	82	93	340	85.00	良	4
10	19G69209	杨桂霖	91	87	79	83	340	85.00	良	5
11	19G69212	王辰轩	90	82	80	88	340	85.00	良	6
12	19G69201	谷雨宏	87	98	65	73	323	80.75	良	7
13	19G69210	郑玉琳	67	60	78	85	290	72.50	中	8
14	19G69211	彭贵淼	69	81	49	78	277	69.25	及格	9
15	19G69203	洪仁	56	87	45	78	266	66.50	及格	10
16	19G69208	陈志玮	45	85	60	64	254	63.50	及格	11
17	19G69204	黄澍嫃	45	60	23	69	197	49.25	不及格	12

图2-75 统计每个分数段的人数

(2) 计算每个分数段的人数比例。结果如图 2-76 所示。

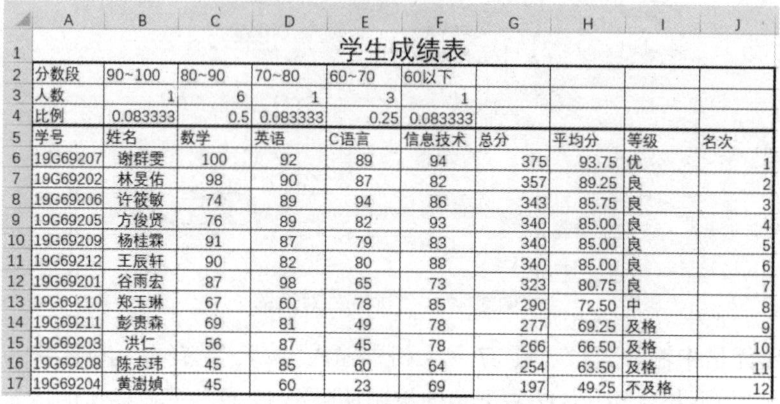

图 2-76 统计每个分数段的人数比例

① 在 B4 单元格输入公式 "=B3/COUNT(H6:H17)"。
② 在 C4 单元格输入公式 "=C3/COUNT(H6:H17)"。
③ 在 D4 单元格输入公式 "=D3/COUNT(H6:H17)"。
④ 在 E4 单元格输入公式 "=E3/COUNT(H6:H17)"。
⑤ 在 F4 单元格输入公式 "=F3/COUNT(H6:H17)"。

若在 B4 单元格输入公式 "=B3/COUNT($H$6:$H$17)"，则可拖动单元格 B4 右下角的控制柄到单元格 F4，复制公式。

选择单元区域 B4:F4，选择"开始"选项卡"数字"组中的"对话框启动器"按钮，打开"设置单元格格式"对话框。在"数字"选项卡的"分类"列表框中，单击"百分比"按钮，设置"小数位数"为"2"，如图 2-77 所示，单击"确定"按钮。最终效果如图 2-78 所示。

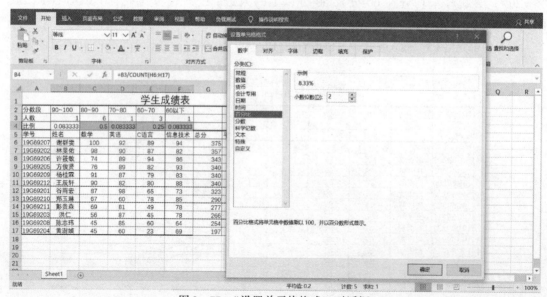

图 2-77 "设置单元格格式"对话框

	A	B	C	D	E	F	G	H	I	J
1					学生成绩表					
2	分数段	90~100	80~90	70~80	60~70	60以下				
3	人数	1	6	1	3	1				
4	比例	8.33%	50.00%	8.33%	25.00%	8.33%				
5	学号	姓名	数学	英语	C语言	信息技术	总分	平均分	等级	名次
6	19G69207	谢群雯	100	92	89	94	375	93.75	优	1
7	19G69202	林旻佑	98	90	87	82	357	89.25	良	2
8	19G69206	许筱敏	74	89	94	86	343	85.75	良	3
9	19G69205	方俊贤	76	89	82	93	340	85.00	良	4
10	19G69209	杨桂霖	91	87	79	83	340	85.00	良	5
11	19G69212	王辰轩	90	82	80	88	340	85.00	良	6
12	19G69201	谷雨宏	87	98	65	73	323	80.75	良	7
13	19G69210	郑玉琳	67	60	78	85	290	72.50	中	8
14	19G69211	彭贵森	69	81	49	78	277	69.25	及格	9
15	19G69203	洪仁	56	87	45	78	266	66.50	及格	10
16	19G69208	陈志玮	45	85	60	64	254	63.50	及格	11
17	19G69204	黄澍媜	45	60	23	69	197	49.25	不及格	12

图 2-78 最终效果

【项目总结】本项目使用 Excel 公式和函数进行数据计算，输入公式，必须以等号（=）开始，用运算符表示公式操作类型，用地址表示参与计算的数据位置。IF( )函数中的"优""良"等必须用双引号括起来。

项目 6

图表的创建与修改

基本信息	姓名		学号		班级		总评成绩	
	规定时间	20 min	完成时间		考核日期			

任务工单	序号	步骤	完成情况			标准分	评分
			完成	基本完成	未完成		
	1	插入迷你图				15	
	2	显示高低点,设置负点				20	
	3	移动图表				15	
	4	修改数据源				20	
	5	添加趋势预测				20	
操作规范性						5	

【项目目标】启动 Excel 2016,打开工作簿"项目 6 Excel 图表的创建与修改.xlsx"。

选择工作表"预算",完成如下操作:

使用"预算"工作表 B4:G14 单元格区域的数值,在 H4:H14 单元格区域中插入"柱形图"迷你图,显示高、低点,并设置"负点"标记颜色为"橙色"。

选择工作表"Sheet2",完成如下操作:

编辑数据表来源,使柱形图纳入"华东"行的值。然后移动图表至新的工作表,名称为"统计图"。

选择工作表"Sheet3",完成如下操作:

在"丰收饼"图表中使用"多项式"、阶数为"3"的趋势预测,并前推"2"周期价格,同时,在图表上显示公式和 R 平方值。

【项目分析】本项目要求利用 Excel 2016 插入迷你图、修改数据源、移动图表、给图表添加趋势预测。

【知识准备】学会插入迷你图、编辑数据源、移动图表、插入趋势预测。

视频 2-6
图表的创建
与修改

【项目实施】

1. 打开素材"项目 6 Excel 图表的创建与修改.xlsx"。选择工作表"预算"。

(1) 选择"插入"选项卡，单击"迷你图"组中的"柱形"命令，如图 2-79 所示。

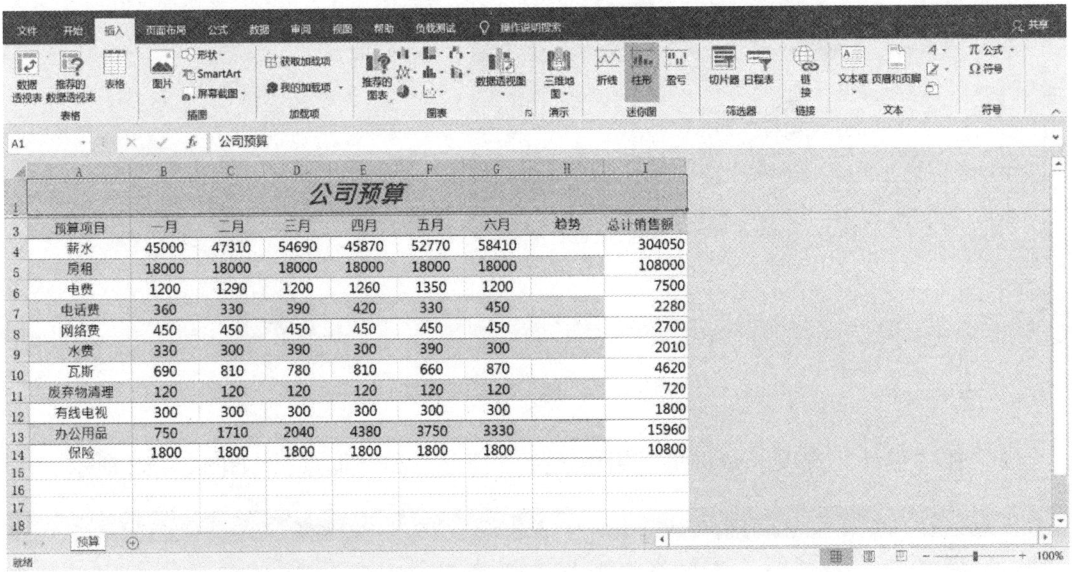

图 2-79 "柱形"命令

(2) 弹出"创建迷你图"对话框。在"创建迷你图"对话框中，依次单击后面的拾取按钮，选择数据范围和位置范围，如图 2-80 所示，然后单击"确定"按钮。最终效果如图 2-81 所示。

图 2-80 "创建迷你图"对话框

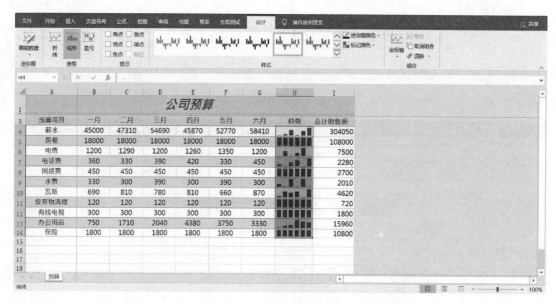

图 2-81 插入柱形图效果

(3) 在"设计"选项卡"显示"组中选择"高点"和"低点",如图 2-82 所示。

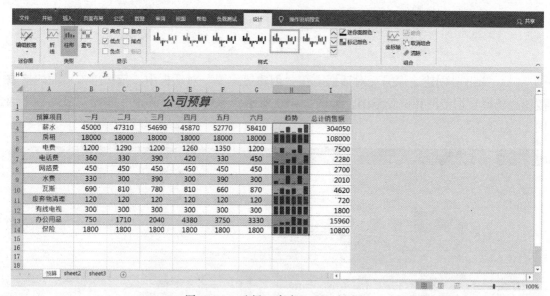

图 2-82 选择"高点"和"低点"

(4) 在"设计"选项卡"样式"组中单击"标记颜色"命令中的"负点",选择其中的"橙色",如图 2-83 所示。

2. 选择工作表"Sheet2",完成如下操作。

(1) 单击选中图表,在"设计"选项卡"数据"组中单击"选择数据"命令,如图 2-84 所示。

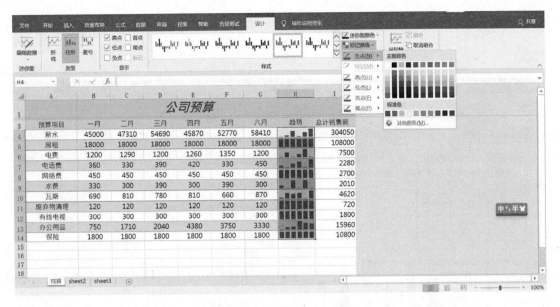

图2-83 设置"负点"颜色

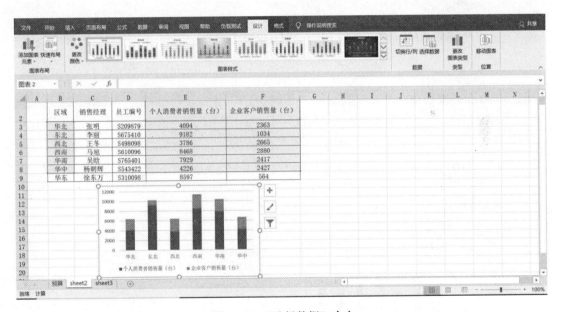

图2-84 "选择数据"命令

（2）在打开的"选择数据源"对话框中，如图2-85所示，单击"图表数据区域"后面的拾取按钮，重新选择数据区域，如图2-86所示。

（3）单击"确定"按钮，纳入"华东"行的值后的图表效果如图2-87所示。

（4）鼠标右键单击图表空白区域，选择快捷菜单中的"移动图表"命令，如图2-88所示。

图2-85 "选择数据源"对话框

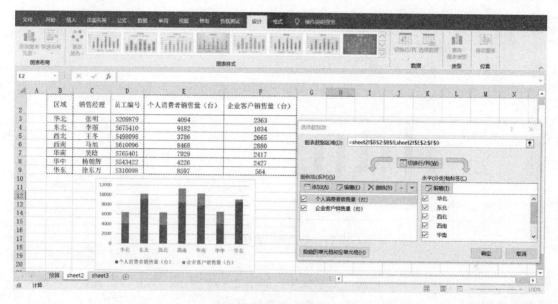

图2-86 重新选择数据区域

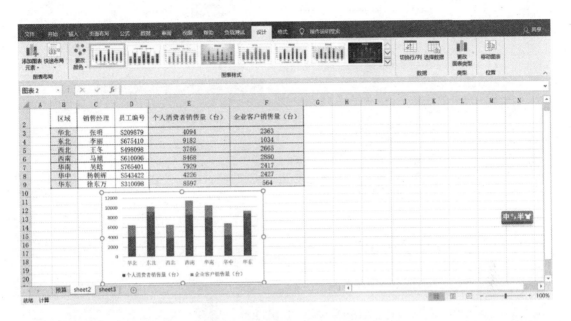

图 2-87 纳入"华东"行的值后的图表效果

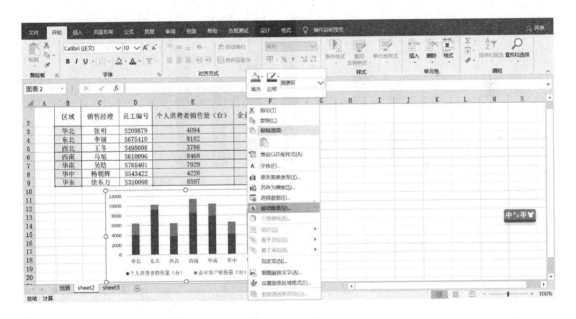

图 2-88 "移动图表"命令

(5) 在打开的"移动图表"对话框中,在"新工作表"后面输入图表名称"统计图",如图 2-89 所示,单击"确定"按钮。最终效果如图 2-90 所示。

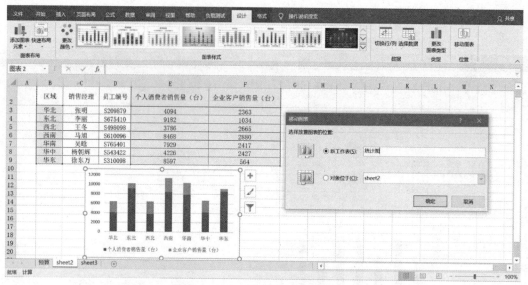

图 2-89 "移动图表"对话框

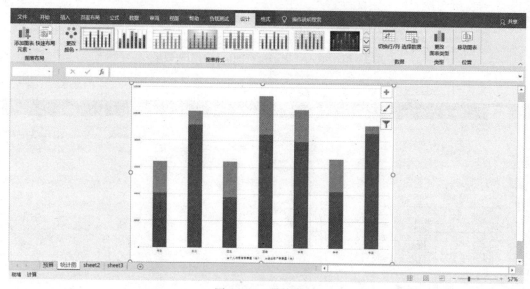

图 2-90 最终效果

3. 选择工作表"Sheet3",完成如下操作。

方法一：

（1）选中图表，单击"设计"选项卡"图表布局"组中的"添加图表元素"的下拉按钮，如图 2-91 所示。在下拉菜单中选择"趋势线"中的"其他趋势线选项"命令，如图 2-92 所示。

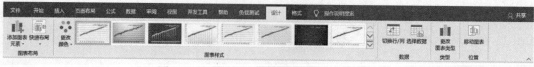

图 2-91 单击"添加图表元素"下拉按钮

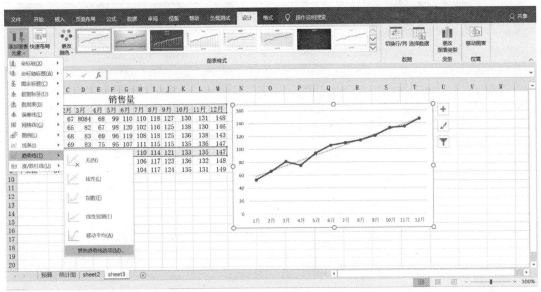

图2-92 选择"其他趋势线选项"命令

(2) 在打开的"设置趋势线格式"对话框中,选择"多项式",阶数为"3",如图2-93所示。在"趋势预测"中,设置前推"2"周期,并且选择"显示公式"和"显示R平方值"命令,如图2-94所示。单击"关闭"按钮。最终效果如图2-95所示。

图2-93 设置"趋势线格式"1　　　　　图2-94 设置"趋势线格式"2

方法二:

(1) 选择图表。单击图表右上角的"+",如图2-96所示。

(2) 在弹出的"图表元素"菜单中,选择"趋势线",可以选择所需的数据系列选项,这里选择"更多选项"命令,如图2-97所示,单击"确定"按钮。

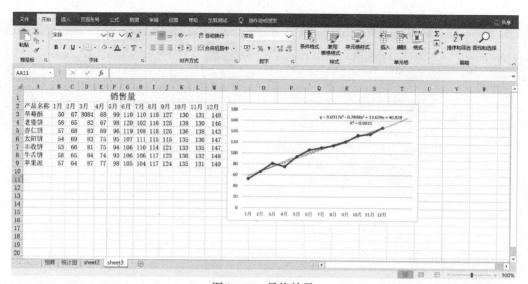

图 2-95 最终效果

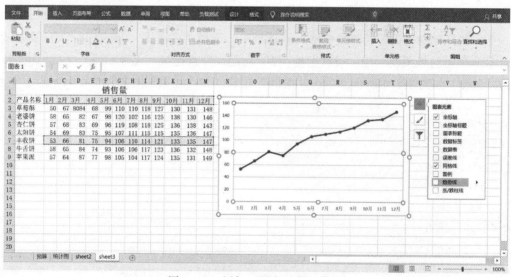

图 2-96 添加"图表元素"菜单

图 2-97 趋势线"更多选项"命令

(3) 在打开的"设置趋势线格式"对话框中,选择"多项式",阶数为"3",如图 2-93 所示。在"趋势预测"中设置前推"2"周期,并且选择"显示公式"和"显示 R 平方值"命令,如图 2-94 所示。单击"关闭"按钮。最终效果如图 2-95 所示。

操作技巧:

①仅当选择了具有多个数据系列但没有选择数据系列的图表时,Excel 才显示趋势线选项。

②单击图表中的任意位置,在"格式"选项卡上的"当前所选内容"组中选择下拉列表中的"趋势线"选项。

【项目总结】本项目要求利用 Excel 2016 插入迷你图、修改数据源、移动图表、进行添加趋势预测线等操作。

项目 7
图表的格式化

<table>
<tr><td rowspan="3">基本信息</td><td>姓名</td><td></td><td>学号</td><td></td><td>班级</td><td></td><td rowspan="3">总评成绩</td><td></td></tr>
<tr><td>规定时间</td><td rowspan="2">20 min</td><td>完成时间</td><td></td><td>考核日期</td><td></td><td></td></tr>
<tr><td></td><td></td><td></td><td></td></tr>
<tr><td rowspan="7">任务工单</td><td rowspan="2">序号</td><td rowspan="2"></td><td rowspan="2">步骤</td><td colspan="3">完成情况</td><td rowspan="2">标准分</td><td rowspan="2">评分</td></tr>
<tr><td>完成</td><td>基本完成</td><td>未完成</td></tr>
<tr><td>1</td><td></td><td>图表样式</td><td></td><td></td><td></td><td>15</td><td></td></tr>
<tr><td>2</td><td></td><td>设置图表标题</td><td></td><td></td><td></td><td>20</td><td></td></tr>
<tr><td>3</td><td></td><td>设置坐标轴</td><td></td><td></td><td></td><td>15</td><td></td></tr>
<tr><td>4</td><td></td><td>图表区填充</td><td></td><td></td><td></td><td>20</td><td></td></tr>
<tr><td>5</td><td></td><td>绘图区填充</td><td></td><td></td><td></td><td>20</td><td></td></tr>
<tr><td colspan="2">操作规范性</td><td></td><td></td><td></td><td></td><td></td><td>5</td><td></td></tr>
</table>

【项目目标】启动 Excel 2016,打开工作簿"项目 7 Excel 图表的格式化.xlsx"。

选择工作表"销售数据",完成如下操作:

(1)创建一个带数据标记的折线图,比较 2015 年和 2018 年各区域的销售数据,将图表置于新工作表中,名称为"销售比较"。

(2)该图表套用"样式 11"图表样式,并在图表上方显示图表标题"2015—2018 年销售比较图","微软雅黑"字体,大小 16 pt。

(3)调整垂直坐标轴刻度,最小值为 100,最大值为 310,主要刻度间距为 30。

(4)设置水平坐标轴"逆序类别",但垂直坐标轴刻度需置于图表左侧。

(5)图表区填充"画布"纹理,绘图区填充颜色"橄榄色,强调文字颜色 3,淡色 60%"。

【项目分析】本项目要求利用 Excel 2016 对图表进行格式化设置。

【知识准备】掌握图表套用样式的设置、图表标题的设置、坐标轴的设置、图表区填充、绘图区填充等操作。

【项目实施】

1. 打开素材"项目 7 图表的格式化.xlsx",如图 2-98 所示。完成如下操作:创建一个带数据标记的折线图,比较 2015 年和 2018 年各区域的销售数据,将图表置于新工作表,名称为"销售比较"。

视频 2-7
图表的格式化

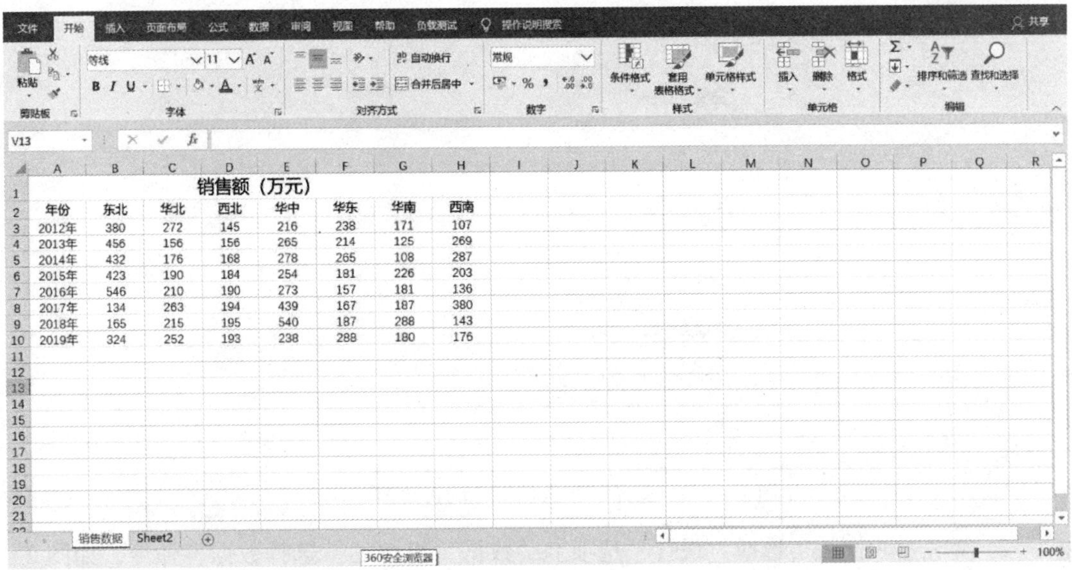

图 2-98 "项目 7 图表的格式化.xlsx"素材

(1) 选中要比较的数据,即 A2:H2、A6:H6、A9:H9 单元格区域,打开"插入"选项卡,选择"图表"组中"折线图"里的"带数据标记的折线图"命令,如图 2-99 和图 2-100 所示。

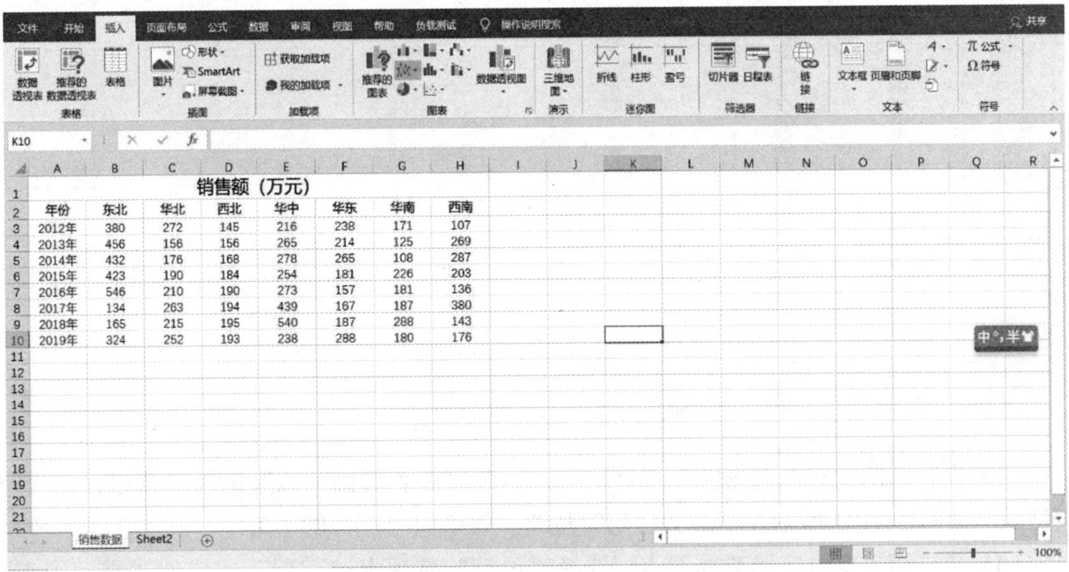

图 2-99 "插入"选项卡

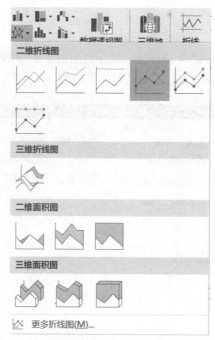

图 2-100 选择"带数据标记的折线图"命令

（2）单击空白图表，选择"设计"选项卡"数据"组中的"选择数据"命令，如图 2-101 所示。

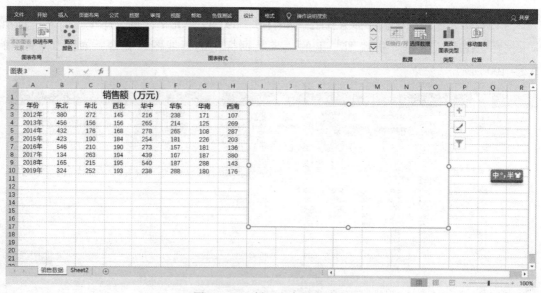

图 2-101 插入空白图表效果

（3）在打开的"选择数据源"对话框中，单击"图表数据区域"的拾取按钮，选择数据区域，如图 2-102 所示。单击"确定"按钮。效果如图 2-103 所示。

（4）单击图表空白区域选择图表，选择"设计"选项卡"位置"组中的"移动图表"命令，如图 2-104 所示。

第二部分 Microsoft Office Excel 2016电子表格处理软件

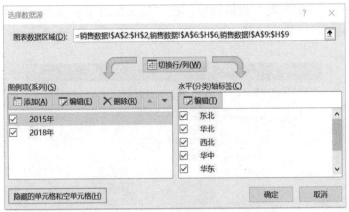

图 2-102 "选择数据源"对话框

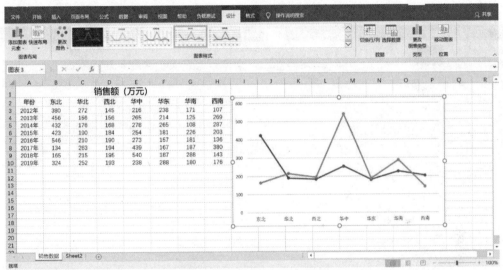

图 2-103 插入折线图效果

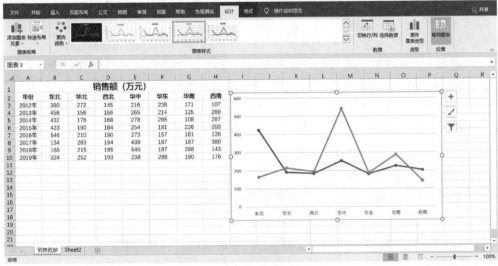

图 2-104 "移动图表"命令

- 159 -

（5）在打开的"移动图表"对话框中，在"新工作表"后面输入工作表名称"销售比较"，如图2-105所示，单击"确定"按钮。效果如图2-106所示。

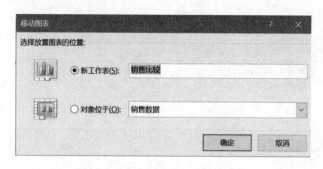

图2-105 "移动图表"对话框

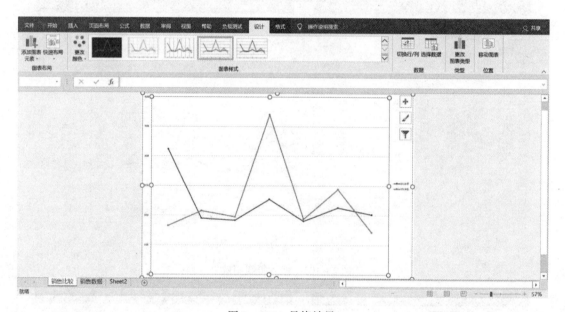

图2-106 最终效果

2. 选择图表，完成如下操作：该图表套用"样式11"图表样式，并在图表上方显示图表标题"2015—2018年销售比较图"，字体为"微软雅黑"，大小为"32 pt"。

（1）选择"图表工具"中的"设计"选项卡，单击"图表样式"组中的"样式11"按钮，效果如图2-107所示。

（2）选择"图表工具"中的"设计"选项卡，单击"图表布局"组中"添加图表元素"的下拉按钮，如图2-108所示。

（3）单击"图表标题"按钮，选择其中的"图表上方"命令，效果如图2-109所示。

（4）修改图表标题为"2015—2018年销售比较图"，如图2-110所示。

（5）选中图表标题，在"开始"选项卡中设置字体为"微软雅黑"，字号为"32 pt"，如图2-111所示。

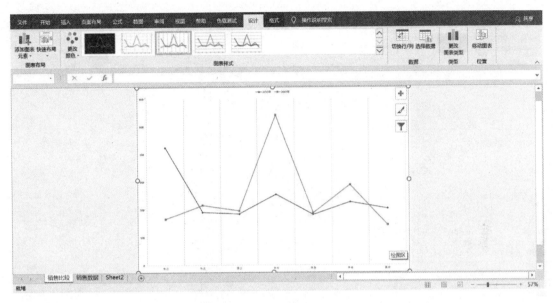

图 2-107 "样式 11" 效果

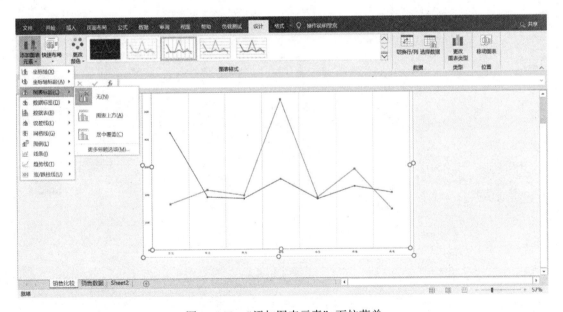

图 2-108 "添加图表元素"下拉菜单

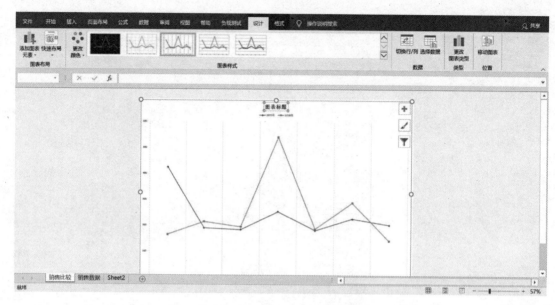

图 2-109 "图表上方"命令效果

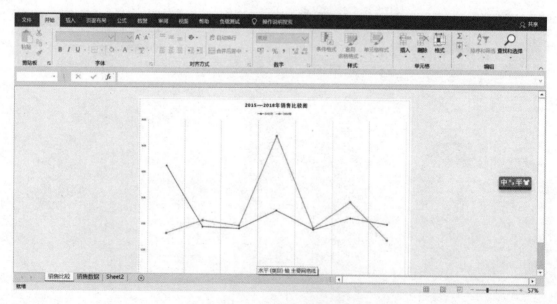

图 2-110 修改图表标题

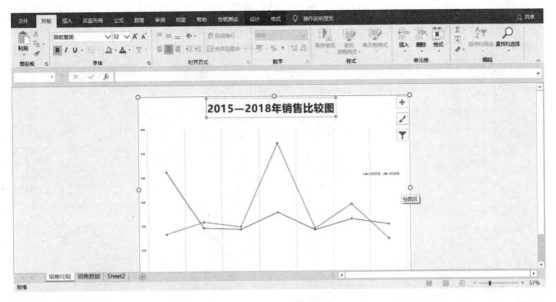

图 2-111　设置标题格式

3. 选中图表，完成如下操作：调整垂直坐标轴刻度，最小值为 100，最大值为 310，主要刻度间距为 30。设置水平坐标轴"逆序类别"，纵坐标轴交叉选择"最大分类"，勾选"逆序类别"，刻度线间距为"30"，标签位置选择"高"，但垂直坐标轴刻度需置于图表左侧。

（1）选中图表，选择"图表工具"中的"设计"选项卡中的"图表布局"选项组，单击"添加图表元素"的下拉按钮。

（2）选择"坐标轴"级联菜单中的"主要横坐标轴""主要纵坐标轴"和"更多轴选项"，如图 2-112 所示。

图 2-112　"坐标轴"命令

（3）在打开的"设置坐标轴格式"对话框中，如图 2-113 所示，选择"垂直（值）轴"，设置最小值为"100"，最大值为"310"，如图 2-114 所示。单位大、小均设置为"30"，勾选"对数刻度""逆序刻度值"，标签位置为"高"，如图 2-115 所示。

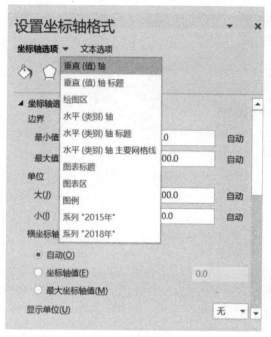
图 2-113 选择"垂直(值)轴"命令

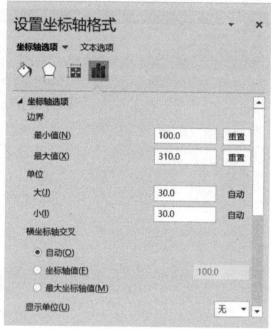
图 2-114 设置垂直轴参数 1

(4) 选中图表,在打开的"设置坐标轴格式"对话框中,选择"水平(类别)轴",纵坐标轴交叉选择"最大分类",勾选"逆序类别",刻度线间隔为"30",标签位置选择"高",如图 2-116 所示。

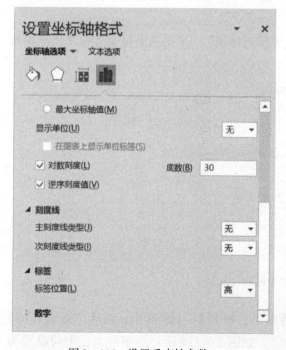
图 2-115 设置垂直轴参数 2

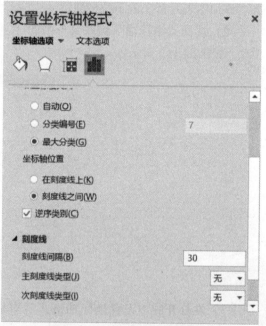
图 2-116 设置水平轴参数 1

4. 选中图表，完成如下操作：图表区填充"画布"纹理，绘图区填充颜色"橙色，个性 2"。

（1）单击图表空白区域，选择图表区，然后选择"图表工具"中的"格式"选项卡，选择"形状样式"组中的"形状填充"命令，选择"纹理"中的"画布"命令，如图 2-117 所示，效果如图 2-118 所示。

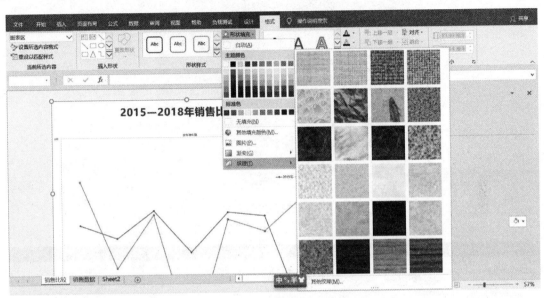

图 2-117 "画布"填充命令

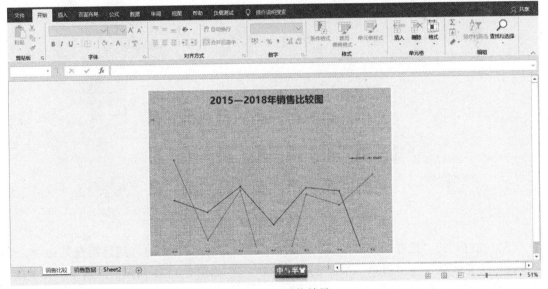

图 2-118 最终效果

（2）选择"图表工具"中的"格式"选项卡，单击"当前所选内容"组中的"绘图区"按钮，如图 2-119 所示。单击"设置所选内容格式"按钮，确认操作。如图 2-120 所示。

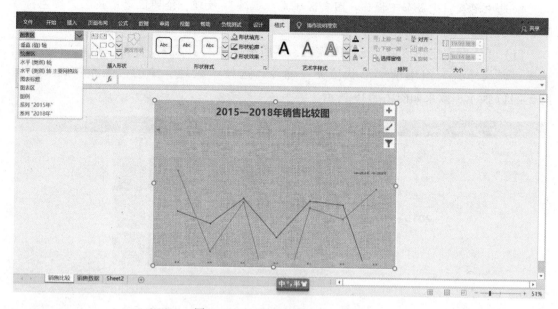

图 2-119 选择"绘图区"命令

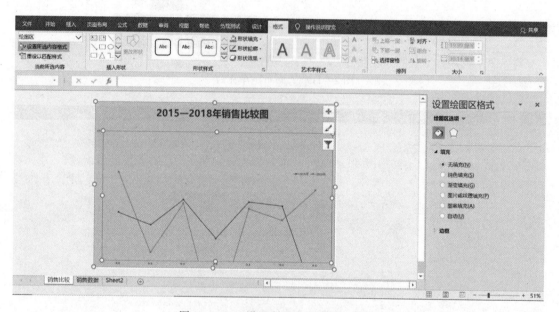

图 2-120 "设置所选内容格式"按钮

（3）在打开的"设置绘图区格式"对话框中选择"填充"里的"纯色填充"命令，然后选择"填充颜色"为"橙色，个性2，淡色60%"，如图2-121所示。然后单击"关闭"按钮。最后效果如图2-122所示。

【项目总结】本项目使用Excel图表工具功能完成图表格式化设置，包括图表标题、坐标轴的设置及颜色填充等。

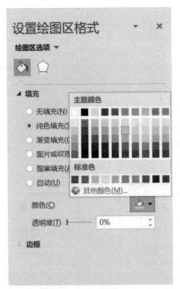

图 2-121 设置"纯色填充"选项

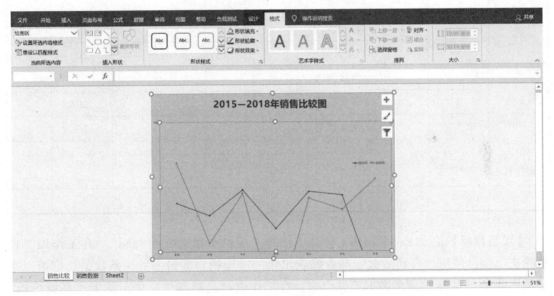

图 2-122 最终效果

项目 8

数据统计

基本信息	姓名		学号		班级		总评成绩	
	规定时间	20 min	完成时间		考核日期			
任务工单	序号	步骤		完成情况			标准分	评分
			完成	基本完成	未完成			
	1	自定义筛选					15	
	2	自定义排序					20	
	3	高级筛选					15	
	4	分类汇总					20	
	5	恢复数据					20	
操作规范性							5	
安全							5	

【项目目标】启动 Excel 2016，打开工作簿"项目 8 数据统计.xlsx"。在工作表"自动筛选"中，使用"自动筛选"命令筛选出第一季度销售额最多的 3 条数据；把第二季度销售额在 15～25 之间的数据筛选出来。在工作表"高级筛选"中，使用"高级筛选"命令筛选出第二季度台式机销售额大于等于 28 或笔记本大于 5 的数据。在工作表"分类汇总"中，使用"分类汇总"命令，按班级汇总各班学生的身高、肺活量和测试总分的平均值。

【项目分析】本项目要求利用 Excel 2016 进行排序、自动筛选及高级筛选、分类汇总等操作。

【知识准备】学会自动筛选、自定义排序、高级筛选、分类汇总。

【项目实施】

1. 启动 Excel 2016，打开"项目 8 数据统计.xlsx"工作簿。

视频 2-8 数据统计

2. 自动筛选。

在工作表的"自动筛选"中,使用"自动筛选"命令筛选出第一季度销售额最多的3条数据;把第二季度销售额在15~25的数据筛选出。

(1) 选择工作表"自动筛选"。

(2) 将光标移动到数据的任意单元格内,要保证数据中不能有空行和空列。

(3) 在"开始"选项卡的"编辑"组中单击"排序和筛选"按钮,如图2-123所示,在其子菜单中选择"筛选"命令。这时每一个列标题的右边都出现一个筛选箭头,如图2-124所示。单击某一列的筛选箭头,在下拉列表框中列出了该列的所有项目,可用于选择作为筛选的条件。

图2-123 "排序和筛选"命令

图2-124 "排序和筛选"命令

(4) 筛选第一季度销售额最多的三条数据。

①单击"第一季度"列标题右边的筛选箭头,在下拉列表中选择"数字筛选"中的"前10项"命令,如图2-125所示,打开"自动筛选前10个"对话框,如图2-126所示。

②在对话框左边的下拉列表框中选择"最大"。

③单击对话框中间的增值按钮,设定查找数据的条数为"3"。在对话框右边的下拉列表框中选择"项"(表示按设定的数字显示条数)。单击"确定"按钮,屏幕显示第一季度销售额最多的3条数据,效果如图2-127所示。

④单击"第一季度"右边的筛选箭头,在弹出的下拉列表中选择"从'第一季度'中清除筛选"命令,恢复显示全部数据,如图2-128所示。

图 2-125 "数字筛选"命令

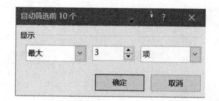

图 2-126 "自动筛选前 10 个"对话框

图 2-127 筛选效果

图 2-128 清除筛选命令

(5) 筛选第二季度销售额在 15~25 的数据。

① 先恢复显示全部数据。

② 单击"第二季度"右边的筛选箭头,在弹出的下拉列表中选择"数字筛选"命令中的"自定义筛选",如图 2-129 所示,打开"自定义自动筛选方式"对话框,如图 2-130 所示。

图 2-129 "自定义筛选"命令

③ 单击第一个比较操作符的下拉箭头,在弹出的下拉列表中选择"大于或等于",并在右边的文本框中输入"15"。

④ 选择"与"选项,表示"并且"。

图 2-130 "自定义自动筛选方式"对话框

⑤单击第二个比较操作符的下拉箭头,在弹出的下拉列表中选择"小于或等于",并在它右边的文本框中输入"25",单击"确定"按钮,筛选出符合条件的数据,效果如图 2-131 所示。

图 2-131 自定义筛选效果

(6) 关闭"自动筛选"功能。打开"自动筛选"功能后,"自动筛选"命令前面有"√",表示"自动筛选"功能有效。再次单击"数据"菜单中"筛选"子菜单中的"自动筛选"命令,它前面的"√"消失,"自动筛选"功能被关闭,筛选箭头也消失,恢复正常显示状态。

3. 高级筛选。

将第二季度台式机销售额大于等于"28"或笔记本销售额大于等于"15"的数据筛选出来。

(1) 选择工作簿"项目 8 数据统计.xlsx"中的工作表"高级筛选"。

(2) 在工作表上选定一个单元格区域(如 D12:F14),并输入筛选条件,其中 D12 单元格中输入"类型",D13 单元格中输入"台式机",D14 单元格中输入"笔记本";E12 单元格中输入"第二季度",E13 单元格中输入">=28";F12 中输入"第二季度",F14 单元格中输入">=15"如图 2-132 所示。

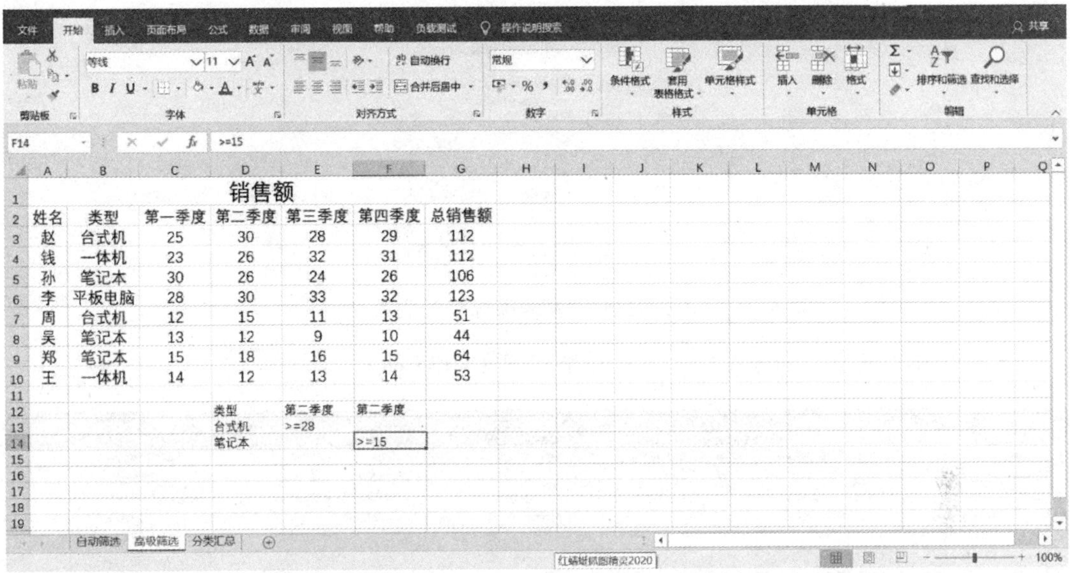

图 2-132 "高级筛选"条件的录入

(3) 将光标移动到数据的任意单元格内,保证数据中不能有空行和空列。

(4) 选择"数据"选项卡,在"排序和筛选"组中单击"高级"按钮,如图 2-133 所示,打开"高级筛选"对话框,此时"列表区域"框中自动显示要执行筛选操作的数据范围 A2:G10,在"条件区域"框中指定筛选条件所在的单元格区域 D12:F14(可直接输入或鼠标选定后自动填入);在"方式"单选项中选择"在原有区域显示筛选结果",如图 2-134 所示。

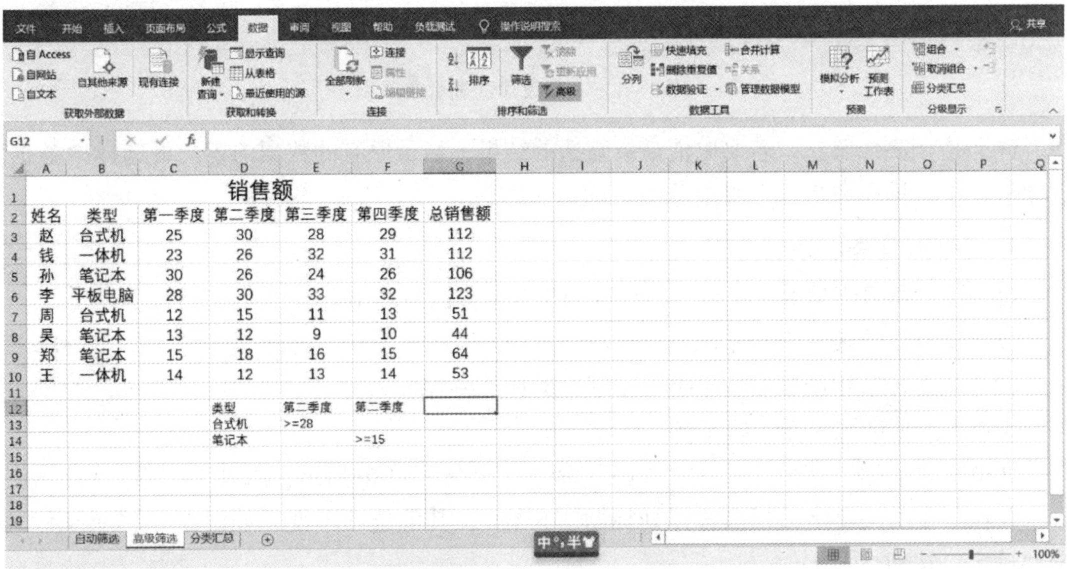

图 2-133 "高级筛选"命令

图 2-134 "高级筛选"对话框

(5) 单击"确定"命令按钮,显示结果如图 2-135 所示。

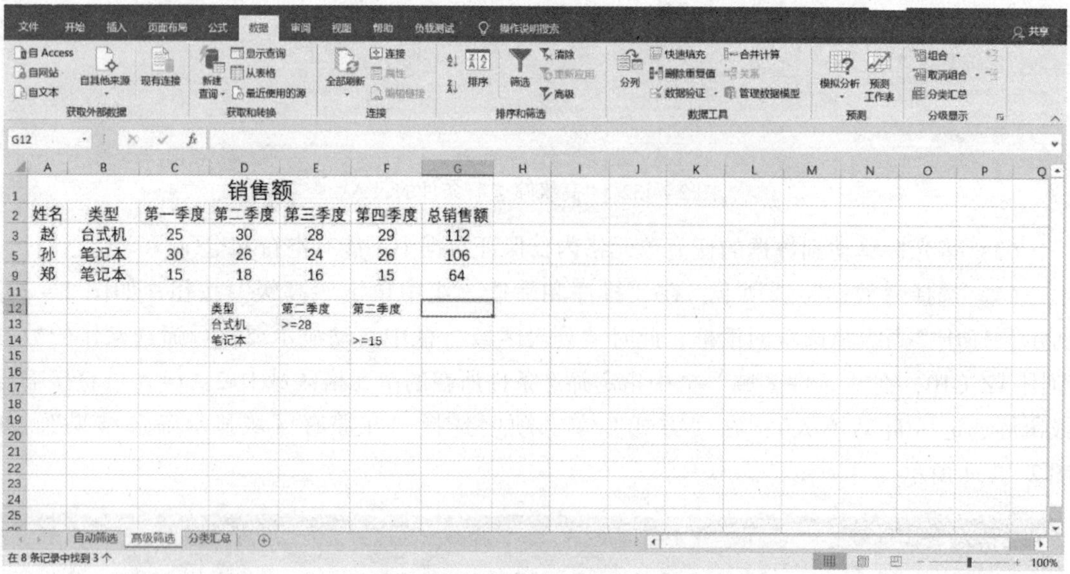

图 2-135 高级筛选显示效果

(6) 取消高级筛选。若要取消高级筛选的结果,显示原有的数据内容,可选择"数据"选项卡,在"排序和筛选"组中单击"筛选"按钮。

4. 数据的分类汇总。

按班级汇总每班学生的身高、肺活量和测试总分的平均值。

(1) 选择工作表"分类汇总"。

(2) 将工作表中的数据按班级列排序(升序或降序)。

①单击数据区域内任一单元格。

②单击"数据"菜单,选择"排序"命令,如图 2-136 所示,打开"排序"对话框。

③在"主要关键字"栏内选择列标题"班级",其他选项不变,如图 2-137 所示,单击"确定"按钮。

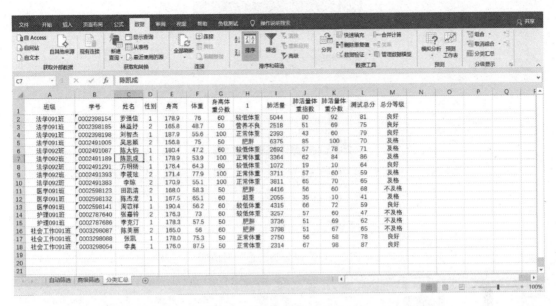

图 2-136 "排序"命令

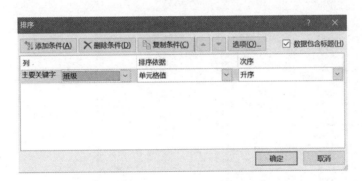

图 2-137 "排序"对话框

（3）选择"数据"选项卡，在"分级显示"组中选择"分类汇总"命令，如图 2-138 所示，打开"分类汇总"对话框，如图 2-139 所示。

图 2-138 "分类汇总"命令

①在"分类字段"栏中选择排序依据的列标题，这里选择"班级"。
②在"汇总方式"栏中有"求和""最大值"等选项，这里选择"平均值"。
③在"选定汇总项"栏中选择要汇总的列标题，这里选择"身高""肺活量""测试总分"。
④其他选项不变，单击"确定"按钮，得到的分类汇总结果如图 2-140 所示。

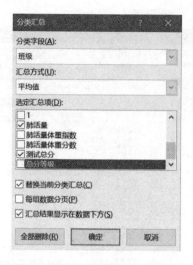

图 2-139 "分类汇总"对话框

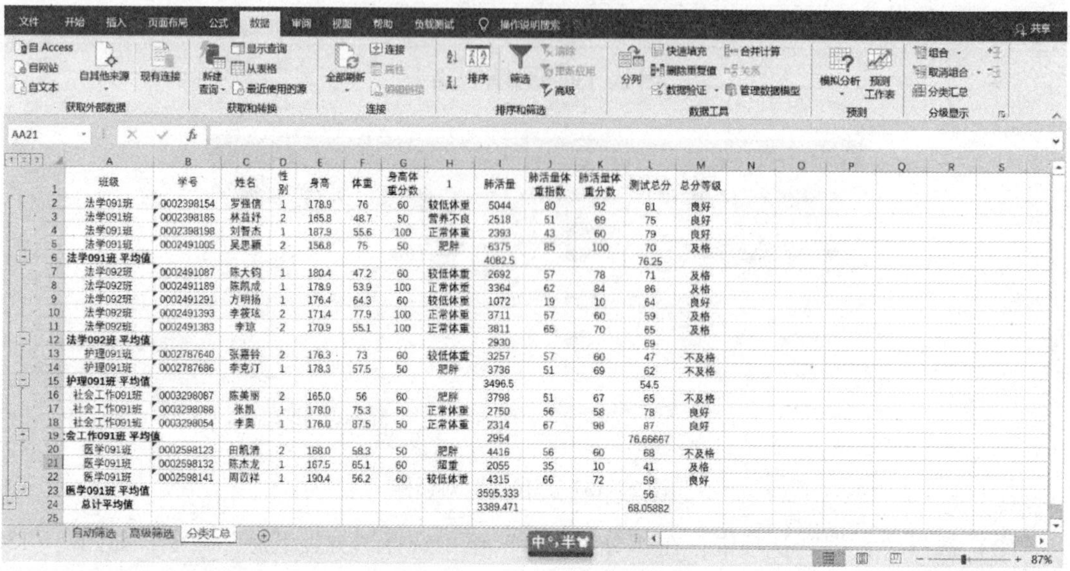

图 2-140 分类汇总结果效果

⑤在分类汇总表的左侧有一组控制按钮：

单击 1 按钮，只显示总的汇总结果，其余数据均被隐藏起来，如图 2-141 所示。

单击 2 按钮，显示分类汇总的结果和总的汇总结果，区域数据被隐藏起来，如图 2-142 所示。

单击 3 按钮，可以看到全部数据。

单击"-"按钮，可隐藏（收缩）部分数据；单击"+"按钮，可显示（展开）部分数据。

(4) 分类汇总后，若希望回到分类汇总前的状态，可再次单击"数据"菜单，选择"分类汇总"命令，在打开的"分类汇总"对话框中，单击"全部删除"按钮即可，如图 2-143 所示。

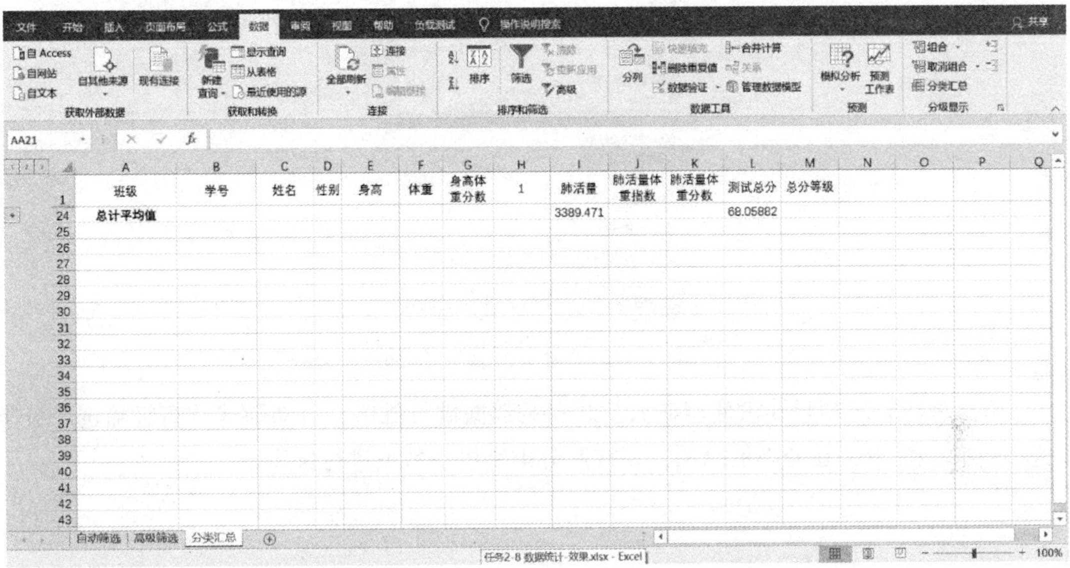

图 2 – 141　单击"1"显示效果

图 2 – 142　单击"2"显示效果

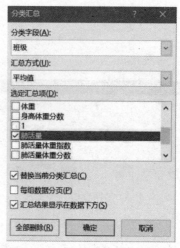

图 2-143 "分类汇总"对话框

【项目总结】本项目要求使用 Excel 2016 对数据进行排序、自动筛选及高级筛选、分类汇总等操作。注意，在分类汇总前，要按照分类字段对数据进行排序。

项目 9

数据工具与安全性设置

基本信息	姓名		学号		班级			总评成绩	
	规定时间	20 min	完成时间		考核日期				
任务工单	序号		步骤		完成情况			标准分	评分
					完成	基本完成	未完成		
	1		数据锁定					15	
	2		设置单元格格式					20	
	3		拆分窗格					15	
	4		冻结窗格					20	
	5		工作表保护					20	
操作规范性								5	
安全								5	

【项目目标】当建立一个电子表格,并发给其他人填写时,如果希望他们只填写应该填写的内容,而不要对其他内容进行修改,这时只将不需要改动的单元格锁定(使之变为"只读"状态),就可以达到此目的。当一个工作表列数较多,要浏览后面的列时,会因看不到前面的标识性列(如姓名等)而无法正确判断其归属,只要将光标在列之间移动,前面某几列保持不动,就可解决此问题了。

【项目分析】本项目要求利用 Excel 2016 进行数据锁定与窗格冻结等操作。

【知识准备】掌握锁定单元格、保护工作表及冻结窗格的方法。

【项目实施】

1. 启动 Excel 2016,打开"项目 9 数据工具与数据安全性.xlsx"素材文件。

2. 锁定有黄色底纹的单元格。

(1) 选择"数据锁定"工作表,如图 2-144 所示。

视频 2-9
数据工具与安全性设置

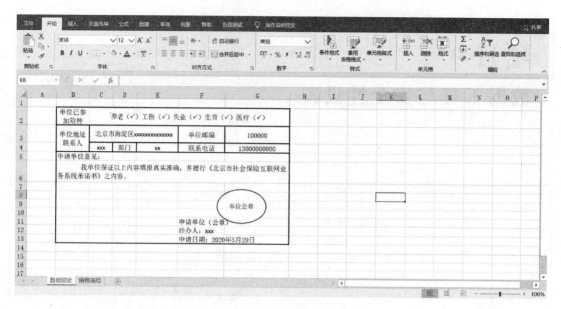

图 2-144 "数据锁定"工作表

（2）单击"全选"按钮，选定整个工作表，如图 2-145 所示。

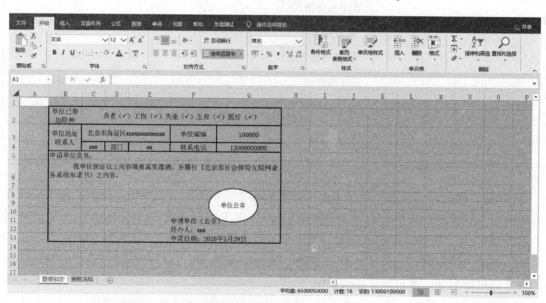

图 2-145 选定整个工作表

（3）在"开始"选项卡"字体"组中单击"对话框启动器"按钮，如图 2-146 所示；也可以按快捷键 Ctrl + Shift + F。

（4）在"保护"选项卡中取消选择"锁定"复选项，如图 2-147 所示，单击"确定"按钮。注意，当需要保护工作表时，就要取消对工作表中所有单元格的锁定。

图 2-146 "对话框启动器"按钮

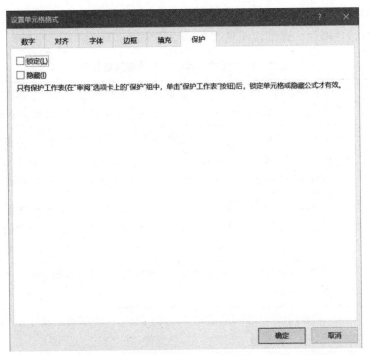

图 2-147 "设置单元格格式"对话框中的"保护"选项卡

(5) 在工作表中，只选择要锁定的单元格。

在"开始"选项卡"字体"组中单击"对话框启动器"按钮，然后在"保护"选项卡上选中"锁定"复选项，单击"确定"按钮。

(6) 在"审阅"选项卡"保护"组中单击"保护工作表"，如图 2-148 所示，打开"保护工作表"对话框，如图 2-149 所示。

图 2-148 "保护工作表"命令

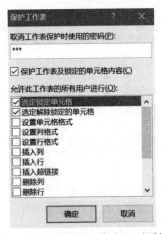

图 2-149 "保护工作表"对话框

①在"允许此工作表的所有用户进行"列表中,选择希望用户更改的元素。若不选择,则禁止用户进行该项操作。详细说明见表2-1。

表2-1 "保护工作表"对话框选项说明

选项	说明
选定锁定单元格	将指针移动到在"设置单元格格式"对话框的"保护"选项卡上已为其选中"锁定"复选项的单元格上。默认情况下,允许用户选择锁定单元格
选定解除锁定的单元格	将指针移动到在"设置单元格格式"对话框的"保护"选项卡上为其取消选中"锁定"复选项的单元格上。默认情况下,用户可以选择未锁定的单元格,并且可以按 Tab 键在受保护工作表上的未锁定单元格之间来回移动
设置单元格格式	更改"设置单元格格式"或"设置条件格式"对话框中的任意选项。如果在保护工作表之前应用了条件格式,则在用户输入满足不同条件的值时,格式设置将继续更改
设置列格式	可使用任何列格式设置命令,其中包括更改列宽或隐藏列("开始"→"单元格"→"格式")
设置行格式	可使用任何行格式设置命令,其中包括更改行高或隐藏行("开始"→"单元格"→"格式")
插入列	插入列
插入行	插入行
插入超链接	在未锁定的单元格中插入新超链接
删除列	删除列。 注释:如果"删除列"是受保护的而"插入列"不受保护,则用户可以插入其无法删除的列
删除行	删除行。 注释:如果"删除行"是受保护的而"插入行"不受保护,则用户可以插入其无法删除的行
排序	使用任何命令对数据进行排序("数据"→"排序和筛选")。 注释:无论如何设置,用户都不能对受保护工作表中的包含锁定单元格的区域进行排序
使用自动筛选	在应用"自动筛选"时,使用下拉箭头更改对区域进行的筛选。 注释:无论如何设置,用户都不能在受保护的工作表上应用或删除自动筛选
使用数据透视表	设置格式、更改布局、刷新或修改数据透视表,或者创建新的报表
编辑对象	可执行以下任一操作: 更改图形对象(包括地图、嵌入图表、形状)、文本框和保护工作表前没有解除锁定的控件。例如,如果工作表中具有一个运行宏的按钮,则可以单击该按钮来运行相应的宏,但不能删除此按钮

编辑方案	查看已隐藏的方案，更改已禁止对其进行更改的方案，并删除这些方案。如果可变单元格不受保护，则用户可以更改其中的值，并添加新方案

②在"取消工作表保护时使用的密码"框中，键入工作表密码，单击"确定"按钮，然后重新键入密码进行确认，如图2-150所示。密码为可选项。如果不提供密码，则任何用户都可以取消对工作表的保护并更改受保护的元素。如果丢失密码，则无法访问工作表上受保护的元素。

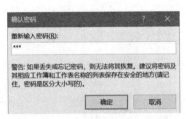

图2-150 "确认密码"对话框

（7）此时，在表格中无底纹的单元格中可正常输入，在有底纹的单元格中输入数据时，会出现如图2-151所示的提示，表明单元格被设置成只读。

图2-151 "提示"对话框

（8）若已设置保护的单元格中的数据需要修改，需先撤销工作表的保护，操作如下：在"审阅"选项卡的"保护"组中，单击"撤销工作表保护"（在工作表受保护时，"保护工作表"命令变为"撤销工作表保护"），如图2-152所示，打开"撤销工作表保护"对话框，如图2-153所示，在"密码"文本框中输入正确的密码并单击"确定"按钮，单元格恢复正常状态。

图2-152 "撤销工作表保护"命令

图2-153 "撤销工作表保护"对话框

3. 冻结窗格。

（1）打开"窗格冻结"工作表，如图 2-154 所示。当浏览后面的列中的数据时，就会看不到左边的前几列的内容，因而分不清每行数据的归属。

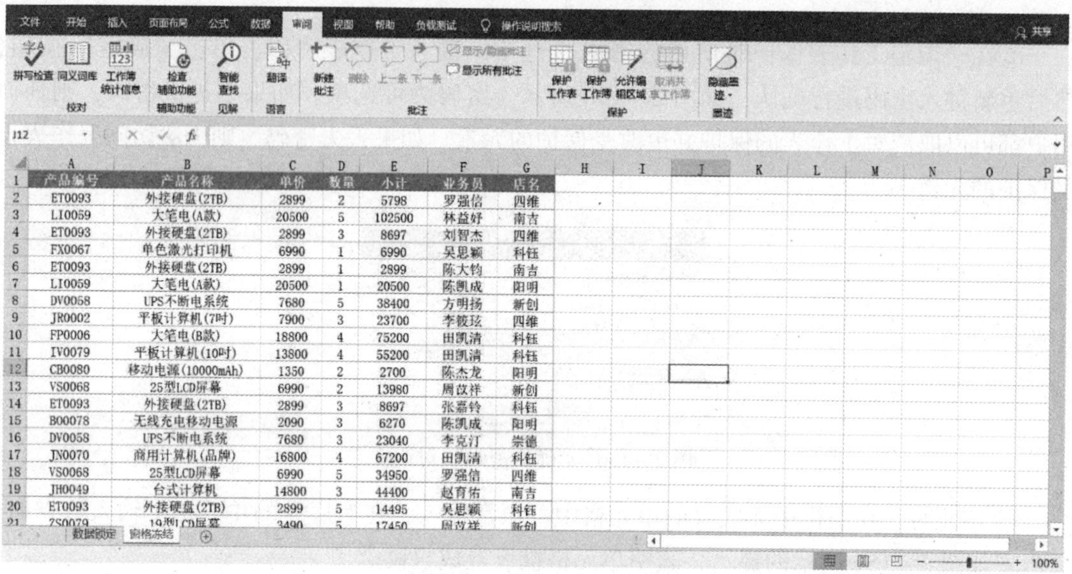

图 2-154 "窗格冻结"工作表

（2）冻结前三列数据。

①选择第四列某一单元格。

②在"视图"选项卡上的"窗口"组中，单击"冻结窗格"按钮，打开其子菜单，如图 2-155 所示，选择"冻结窗格"命令。

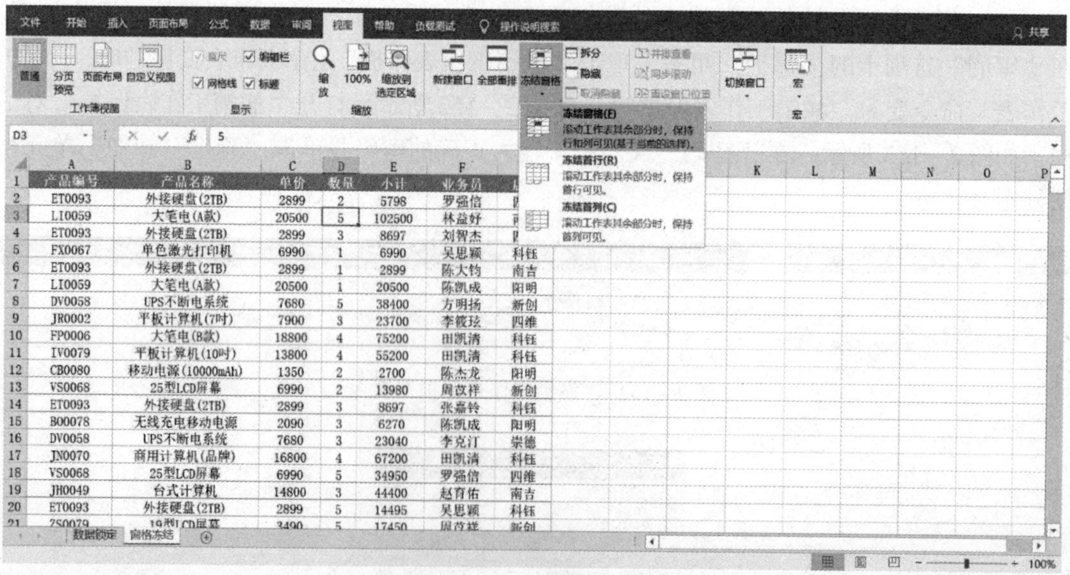

图 2-155 "冻结窗格"命令

③当浏览后面列数据时,让这三列一直出现在窗口左边。效果如图2-156所示。

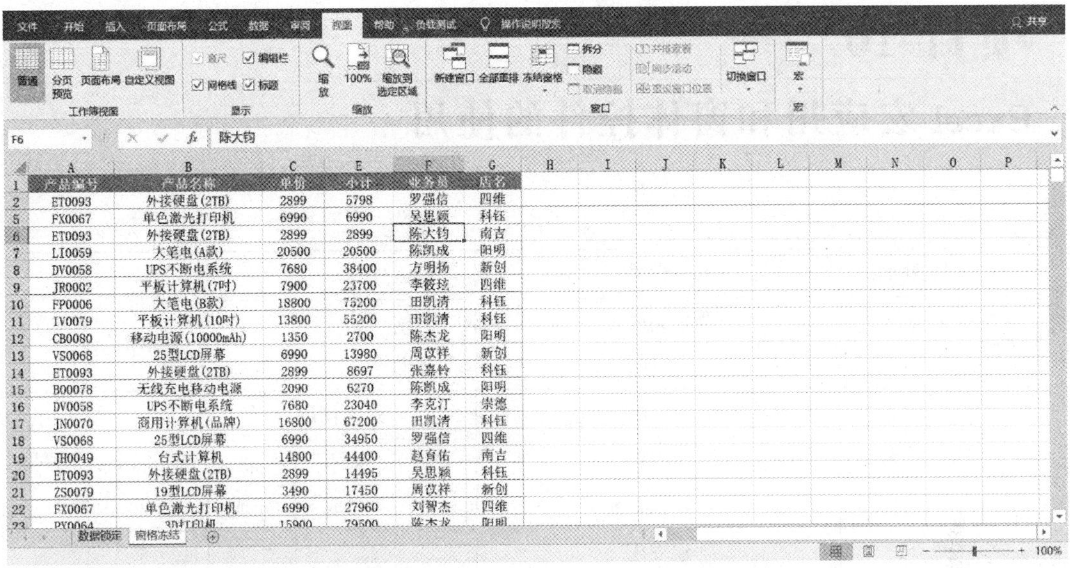

图2-156 "冻结窗格"效果

④在"视图"选项卡上的"窗口"组中,单击"冻结窗格"按钮,打开其子菜单,选择"取消冻结窗格"命令(在工作表已设置冻结窗格时,"拆分冻结窗格"命令变为"取消冻结窗格"),如图2-157所示。

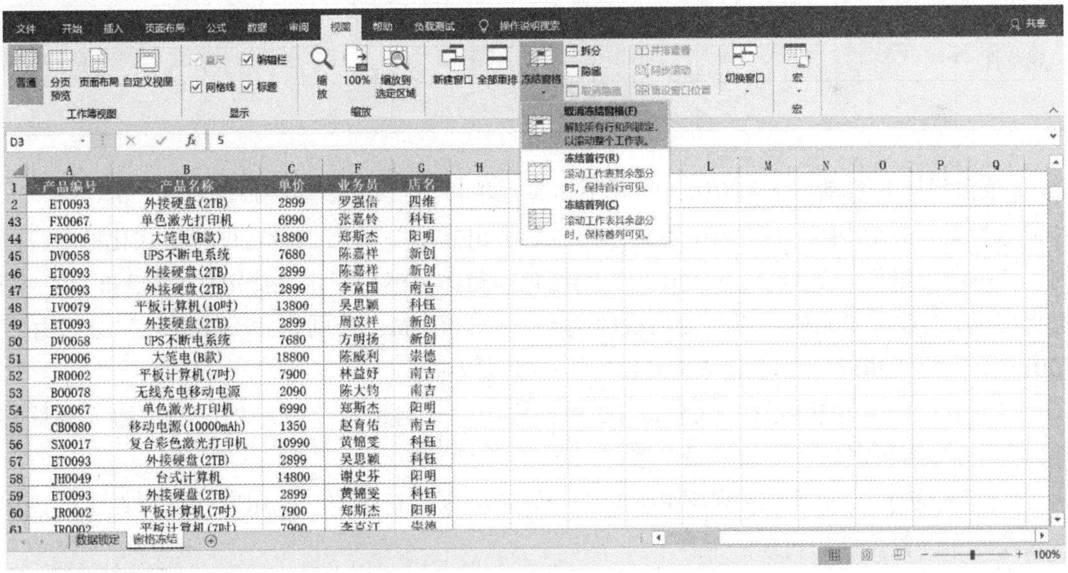

图2-157 "取消冻结窗格"命令

【项目总结】系统默认整张工作表中所有单元格为锁定状态,本任务中只对表格中的单元格进行了去除锁定,未对表格外的单元格进行处理,故表格外所有单元格均处于锁定状态。

项目 10

Excel 宏应用和窗体控件的使用

基本信息	姓名		学号		班级		总评成绩	
	规定时间	20 min	完成时间		考核日期			

	序号	步骤	完成情况			标准分	评分
			完成	基本完成	未完成		
任务工单	1	建立宏				15	
	2	录制宏				20	
	3	应用宏				15	
	4	插入控件				20	
	5	设置控件属性				20	
操作规范性						5	
安全						5	

【项目目标】启动 Excel 2016，打开工作簿"项目 10 宏和窗体控件的应用.xlsx"。

（1）在"2015 年"工作表中建立名称为"突出显示"的宏，新增设置格式化的条件规则，使得销售量低于 2 000 的单元格内容为红色、粗体，然后指定快捷键 Ctrl + Shift + M，将宏套用至 D2：G55 单元格区域。使用快捷键 Ctrl + Shift + M，分别将"突出显示"宏套用到"2016 年"及"2017 年"工作表 C3：F27 单元格区域中。

（2）在"全年销售统计"工作表 O2 单元格中插入名称为"月平均"的按钮（窗体控件），并将按钮指定到"平均销量"宏。

【项目分析】本项目要求利用 Excel 2016 的宏命令、新建宏、应用宏并且要在工作表中插入控件和设置控件的属性。

【知识准备】掌握新建宏、录制宏、应用宏、插入控件、设置控件属性的方法。

【项目实施】

1. 录制与应用宏。

打开素材文件"项目 10 宏和窗体控件的应用.xlsx"，选择"2015

视频 2－10
Excel 宏应用和窗体控件的使用

年"工作表,完成如下操作:在"2015年"工作表中建立名称为"突出显示"的宏,新增设置格式化的条件规则,使得销售量低于 2 000 的单元格内容为红色、粗体,然后指定快捷键 Ctrl + Shift + M,将宏套用至 D2:G55 单元格区域。使用快捷键 Ctrl + Shift + M,分别将"突出显示"宏套用到"2016 年"及"2017 年"工作表 C3:F27 单元格区域中。

(1) 选择"视图"选项卡,单击"宏"命令中的"录制宏"命令按钮,如图 2 – 158 所示。

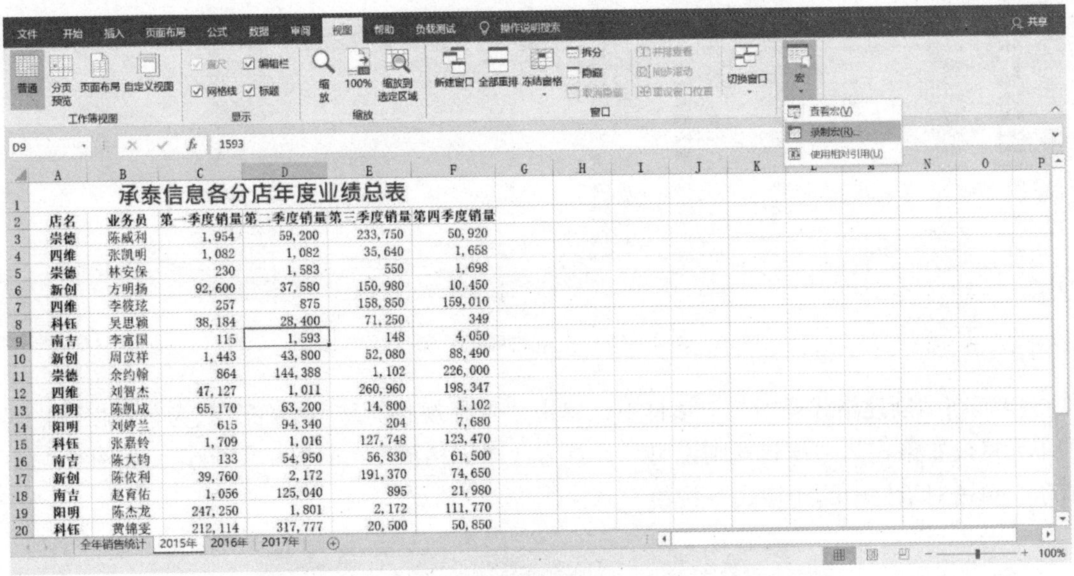

图 2 – 158 "录制宏"命令

(2) 在打开的"录制宏"对话框中,输入宏名"突出显示",指定快捷键 Ctrl + Shift + M,如图 2 – 159 所示,单击"确定"按钮。

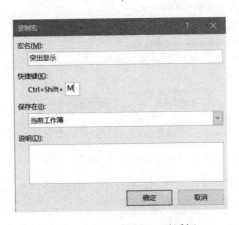

图 2 – 159 "录制宏"对话框

(3) 开始录制宏。选择"开始"选项卡,单击"样式"组中的"条件格式"按钮,选择其中的"新建规则"命令,如图 2 – 160 所示。

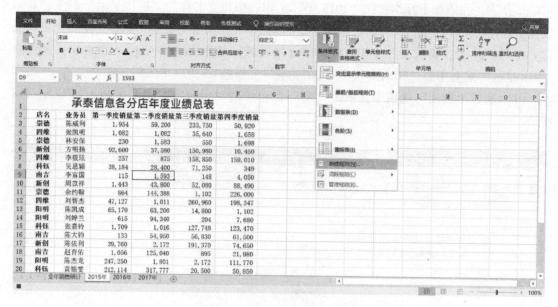

图2-160 "新建规则"命令

（4）在"新建格式规则"对话框中，单击"选择规则类型"中的"只为包含以下内容的单元格设置格式"，"编辑规则说明"设置为"单元格值""小于""2000"，如图2-161所示，单击对话框中的"格式"按钮。

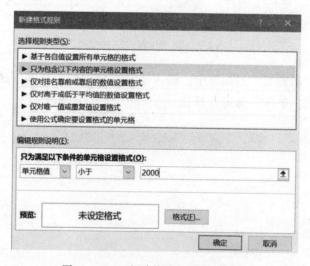

图2-161 "新建格式规则"对话框

（5）在打开的"设置单元格格式"对话框中，字形设置为"加粗"，颜色设置为"红色"，如图2-162所示，单击"确定"按钮。

（6）单击"新建格式规则"对话框中的"确定"按钮，如图2-163所示。

（7）选择"视图"选项卡，单击"宏"命令中的"停止录制"按钮，如图2-164所示。

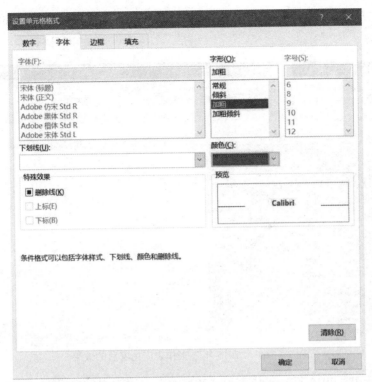

图2-162 "设置单元格格式"对话框

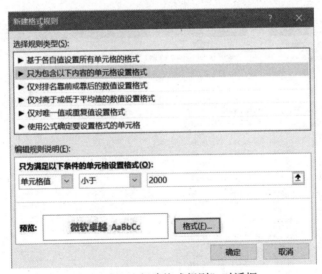

图2-163 "新建格式规则"对话框

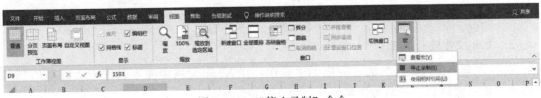

图2-164 "停止录制"命令

(8) 选中"2015 年"工作表中的数据区域 C3:F27，按快捷键 Ctrl + Shift + M，效果如图 2 – 165 所示。

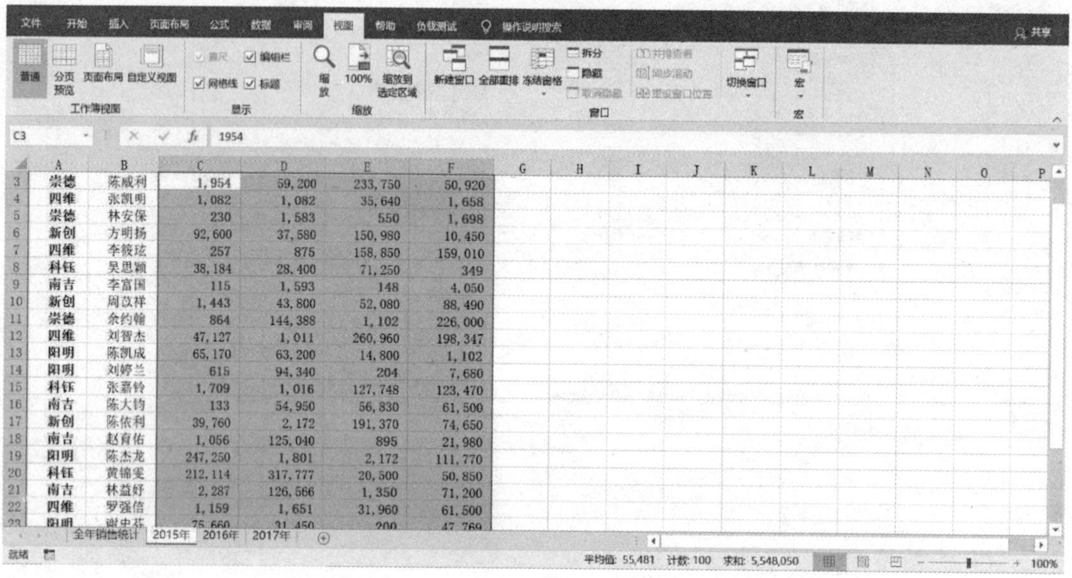

图 2 – 165　"2015 年"工作表应用宏后的效果

(9) 分别选中"2016 年"工作表和"2017 年"工作表中的数据区域，按快捷键 Ctrl + Shift + M，效果如图 2 – 166 和图 2 – 167 所示。

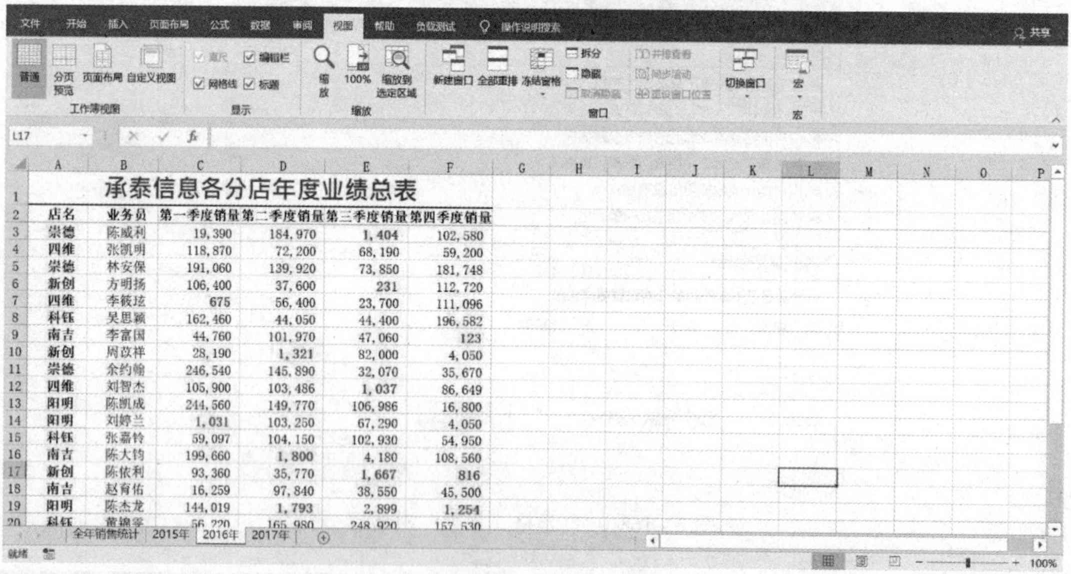

图 2 – 166　"2016 年"工作表应用宏后的效果

2. 使用控件进行交互。

选择"全年销售统计"表，完成如下操作：在 N2 单元格中插入名称为"月平均"的"按钮（窗体控件）"，并将按钮指定到"平均销量"宏。

图2-167 "2017年"工作表应用宏后效果

(1) 选择O2单元格,打开"开发工具"选项卡,单击"插入"命令中的"表单控件"里的"按钮(窗体控件)",如图2-168所示。

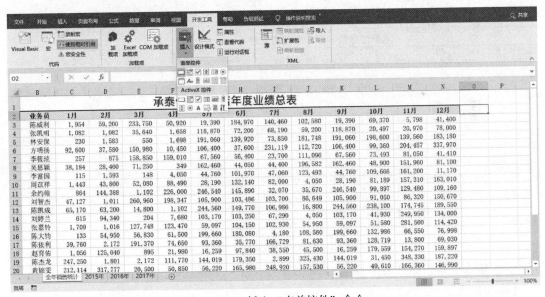

图2-168 插入"表单控件"命令

(2) 将鼠标移至O2单元格,当鼠标光标变成十字形时,按住鼠标左键,绘制一个矩形按钮,松开鼠标左键,弹出"指定宏"对话框,单击"平均销量",如图2-169所示,单击"确定"按钮。

(3) 在"按钮"上单击鼠标右键,选择快捷菜单中的"编辑文字"命令,如图2-170所示。

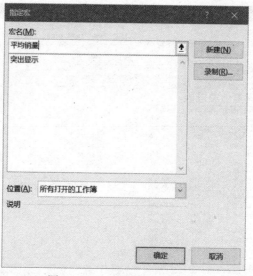

图 2-169 "指定宏"对话框

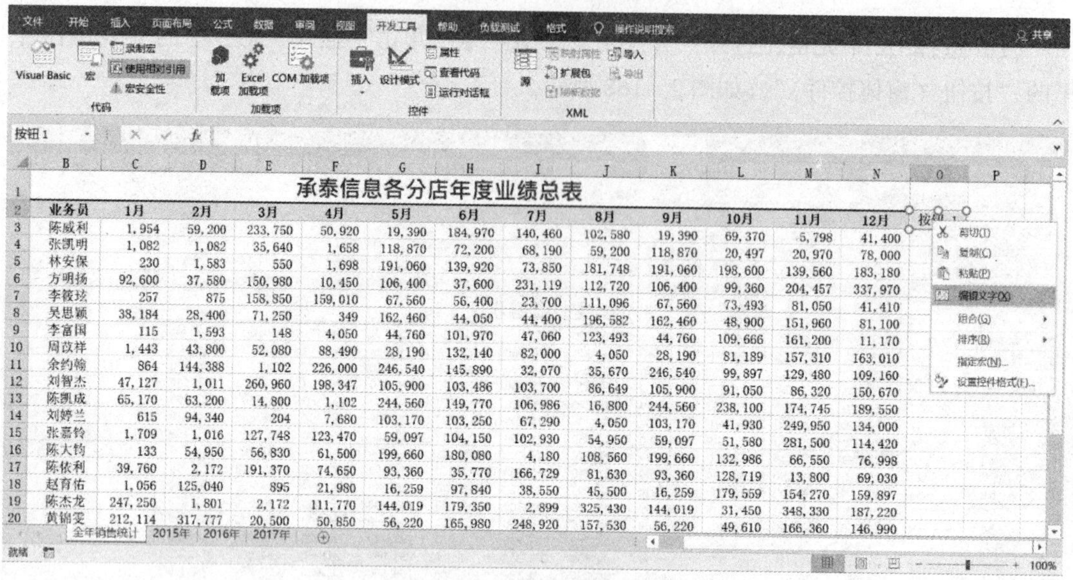

图 2-170 "编辑文字"命令

（4）输入按钮名称"月平均"，最终效果如图 2-171 所示。

【操作技巧】

要自动执行重复性任务，可以使用 Microsoft Excel 中的宏功能来录制宏。假设日期采用随机格式，想要将单个格式应用于所有日期，宏可以实现此功能。可以先录制一个用于应用所需格式的宏，然后在需要时重播该宏。

①录制用于在 Excel 的一个区域中执行一组任务的宏时，宏对该区域内的单元格运行。因此，将额外的行添加到该区域时，宏不能对新行运行相关流程，只会对区域内的单元格运行。

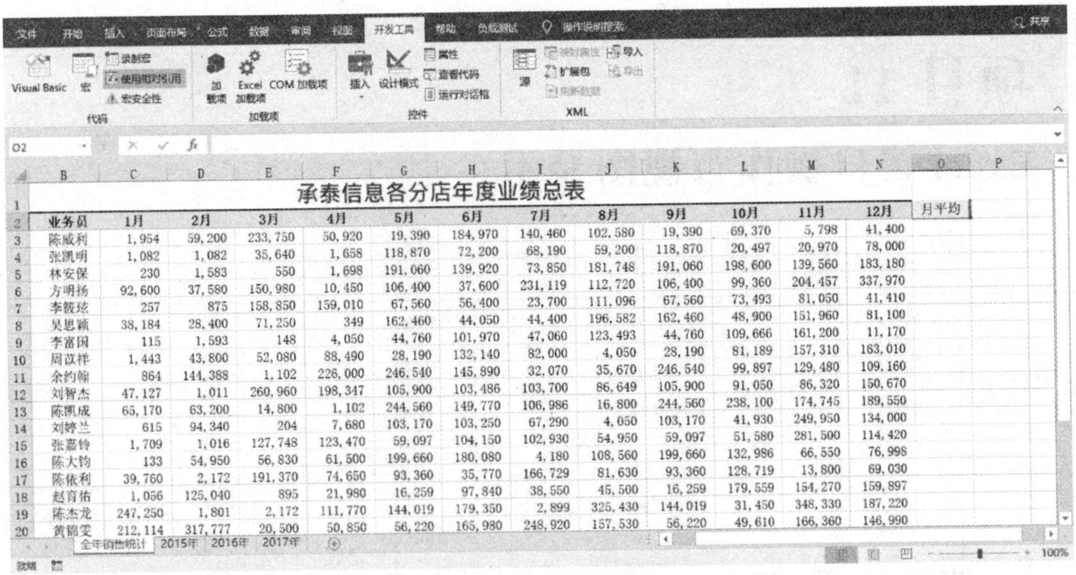

承泰信息各分店年度业绩总表

业务员	1月	2月	3月	4月	5月	6月	7月	8月	9月	10月	11月	12月	月平均
陈威利	1,954	59,200	233,750	50,920	19,390	184,970	140,460	102,580	19,390	69,370	5,798	41,400	
张凯明	1,082	1,082	35,640	1,658	118,870	72,200	68,190	59,200	118,870	20,497	20,970	78,000	
林安保	230	1,583	550	1,698	191,060	139,920	73,850	181,748	191,060	198,600	139,560	183,180	
方明扬	92,600	37,580	150,980	10,450	106,400	37,600	231,119	112,720	106,400	99,360	204,457	337,970	
李筱玹	257	875	158,850	159,010	67,560	56,400	23,700	111,096	67,560	73,493	81,050	41,410	
吴思颖	38,184	28,400	71,250	349	162,460	44,050	44,400	196,582	162,460	48,900	151,960	81,100	
李富国	115	1,593	148	4,050	44,760	101,970	47,060	123,493	44,760	109,666	161,200	11,170	
周苡祥	1,443	43,800	52,080	88,490	28,190	132,140	82,000	4,050	28,190	81,189	157,310	163,010	
余约翰	864	144,388	1,102	226,000	246,540	145,890	32,070	35,670	246,540	99,897	129,480	109,160	
刘智杰	47,127	1,011	260,960	198,347	105,900	103,486	103,700	86,649	105,900	91,050	86,320	150,670	
陈凯成	65,170	63,200	14,800	1,102	244,560	149,770	106,986	16,800	244,560	238,100	174,745	189,550	
刘婷兰	615	94,340	204	7,680	103,170	103,250	67,290	4,050	103,170	41,930	249,950	134,000	
张嘉铃	1,709	1,016	127,748	123,470	59,097	104,150	102,930	54,950	59,097	51,580	281,500	114,420	
陈大钧	133	54,950	56,830	61,500	199,660	180,080	4,180	108,560	199,660	132,986	66,550	76,998	
陈依利	39,760	2,172	191,370	74,650	93,360	35,770	166,729	81,630	93,360	128,719	13,800	69,030	
赵育佑	1,056	125,040	895	21,980	16,259	97,840	38,550	45,500	16,259	179,559	154,270	159,897	
陈杰龙	247,250	1,801	2,172	111,770	144,019	179,350	2,899	325,430	144,019	31,450	348,330	187,220	
黄锦雯	212,114	317,777	20,500	50,850	56,220	165,980	248,920	157,530	56,220	49,610	166,360	146,990	

图 2-171 最终效果

②如果计划录制一个较长的任务流程，则录制多个相对较小的宏，而不是一个较大的宏。

③并不是只有 Excel 中的任务才可以录制在宏中。宏过程可以扩展到其他 Office 应用程序，以及支持 Visual Basic Application（VBA）的任何其他应用程序。例如，可以录制完成以下操作的宏：首先更新 Excel 中的表格，然后打开 Outlook 将表格以电子邮件的形式发送给某个电子邮件地址。

【项目总结】本项目使用 Excel 宏命令和开发工具中的控件。需要注意的是，在录制宏命令时，可以为宏设置快捷键。

项目 11

Excel 窗口操作与视图显示

基本信息	姓名		学号		班级		总评成绩	
	规定时间	20 min	完成时间		考核日期			
任务工单	序号	步骤	完成情况			标准分	评分	
			完成	基本完成	未完成			
	1	隐藏工作表				15		
	2	取消隐藏工作表				20		
	3	冻结窗口				15		
	4	新建监视窗口				20		
	5	平铺窗口				20		
操作规范性						5		
安全						5		

【项目目标】启动 Excel 2016，打开工作簿"项目 11 Excel 窗口操作与视图显示.xlsx"。完成如下操作：

（1）取消隐藏"成绩计算规则"工作表。

（2）设置滚动"成绩单"工作表时，前 3 行数据始终可见；隐藏编辑栏及网格线；在单元格 G56 中新增单元格监视窗口。

（3）新建窗口，并以"平铺"的排列方式显示，窗口 1 显示"成绩计算规则"工作表，窗口 2 显示"成绩单"工作表。

【项目分析】本项目要求利用 Excel 2016 工作表进行隐藏和取消隐藏、冻结窗口、隐藏编辑栏及网格线、创建监视窗口、平铺窗口等操作。

【知识准备】学会取消隐藏工作表、冻结窗口、新建监视窗口、平铺窗口等操作。

【项目实施】

1. 取消隐藏"成绩计算规则"工作表。

（1）右键单击"成绩单"工作表表名，在快捷菜单中选择"取

视频 2-11
Excel 窗口操作与视图显示

第二部分 Microsoft Office Excel 2016电子表格处理软件

消隐藏"命令,如图2-172所示。

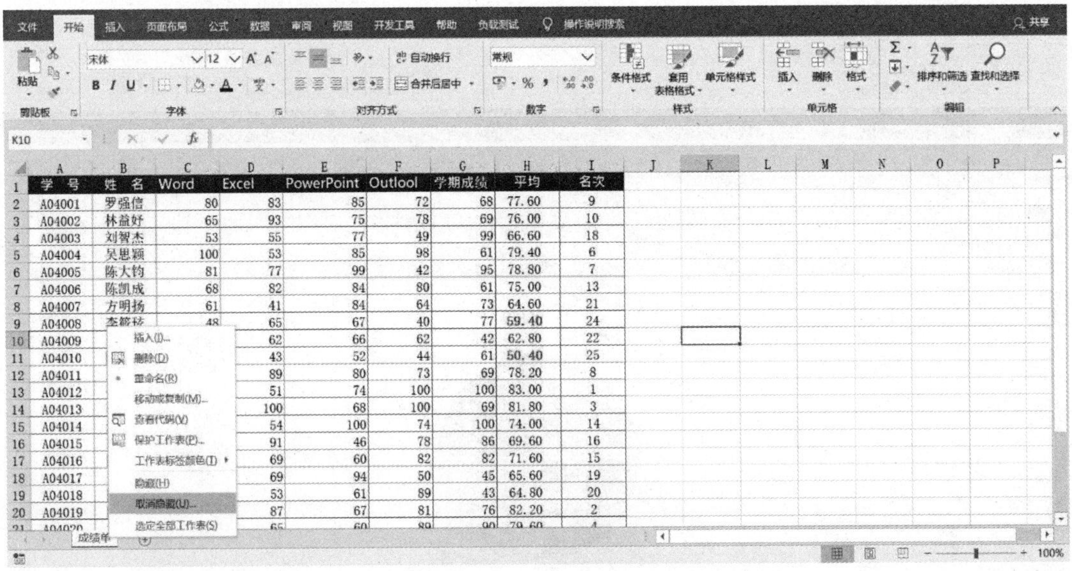

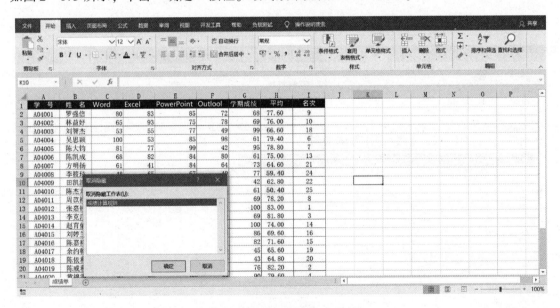

图2-172 "取消隐藏"命令

（2）在打开的"取消隐藏"窗口中,单击选择要取消隐藏的工作表"成绩计算规则",如图2-173所示,单击"确定"按钮。最终效果如图2-174所示。

图2-173 "取消隐藏"对话框

2. 设置滚动"成绩单"工作表时,前3行数据始终可见;隐藏编辑栏及网格线;在单元格G56新增单元格监视对话框。

（1）选择第4行,打开"视图"选项卡,选择"窗口"组中的"拆分"命令,如图2-175所示。最终效果如图2-176所示。

- 195 -

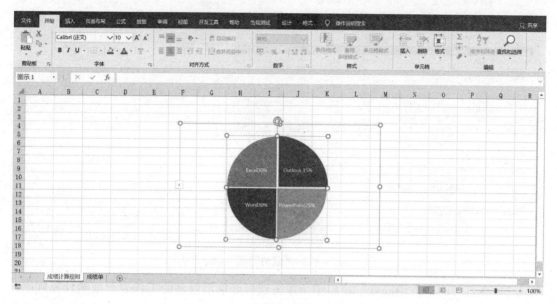

图 2-174　取消隐藏的最终效果

图 2-175　"拆分"命令

图 2-176　最终效果

(2) 打开"公式"选项卡,选择"公式审核"组中的"监视窗口"命令,如果 2-177 所示。

图 2-177　"监视窗口"命令

(3) 在打开的"添加监视点"对话框中,拾取单元格地址,如图 2-178 所示,单击"确定"按钮。

(4) 添加完监视窗口的效果图如图 2-179 所示。

3. 新建窗口,并以"平铺"排列的方式显示,窗口 1 显示"成绩计算规则"工作表,窗口显示"成绩单"工作表。

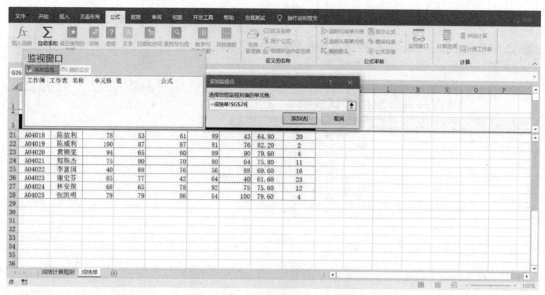

图 2-178 "添加监视点"对话框

图 2-179 最终效果

（1）打开"视图"选项卡，单击"窗口"组中的"新建窗口"命令，如图 2-180 所示。

（2）鼠标划过任务栏上的 Excel 图标时，显示效果如图 2-181 所示。

（3）打开"视图"选项卡，单击"窗口"组中的"全部重排"命令，如图 2-182 所示。

（4）在弹出的"重排窗口"对话框中，单击选中"平铺"排列方式，如图 2-183 所示。单击"确定"按钮。

第二部分　Microsoft Office Excel 2016电子表格处理软件

图 2-180　"新建窗口"命令

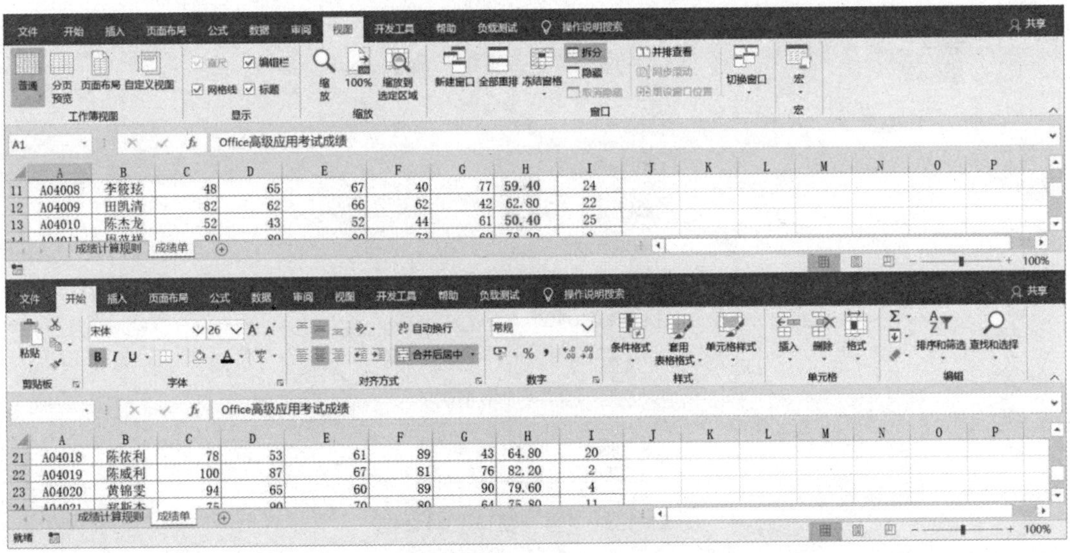

图 2-181　任务栏显示效果

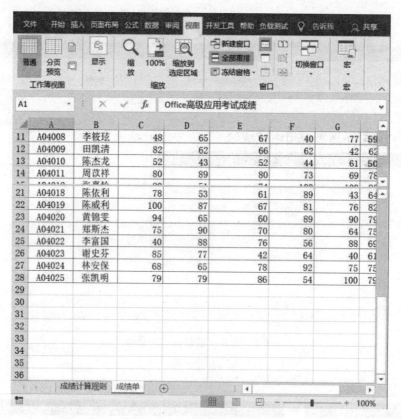

图2-182 "全部重排"命令

图2-183 "重排窗口"对话框

(5) 重排窗口后的效果如图2-184所示。

【项目总结】本项目使用Excel窗口操作和视图显示，方便对数据进行监视和处理。

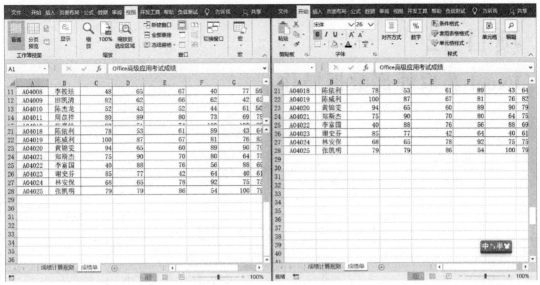

图 2-184 最终效果

项目 12
Excel 获取外部数据操作

<table>
<tr><td rowspan="2">基本信息</td><td>姓名</td><td></td><td>学号</td><td colspan="2"></td><td>班级</td><td></td><td rowspan="2">总评成绩</td><td rowspan="2"></td></tr>
<tr><td>规定时间</td><td>20 min</td><td>完成时间</td><td colspan="2"></td><td>考核日期</td><td></td></tr>
<tr><td rowspan="7">任务工单</td><td rowspan="2">序号</td><td rowspan="2"></td><td rowspan="2">步骤</td><td colspan="3">完成情况</td><td rowspan="2">标准分</td><td rowspan="2">评分</td></tr>
<tr><td>完成</td><td>基本完成</td><td>未完成</td></tr>
<tr><td>1</td><td colspan="2">分隔符号</td><td></td><td></td><td></td><td>15</td><td></td></tr>
<tr><td>2</td><td colspan="2">外部数据类型</td><td></td><td></td><td></td><td>20</td><td></td></tr>
<tr><td>3</td><td colspan="2">不导入某列</td><td></td><td></td><td></td><td>15</td><td></td></tr>
<tr><td>4</td><td colspan="2">数据导入向导</td><td></td><td></td><td></td><td>20</td><td></td></tr>
<tr><td>5</td><td colspan="2">修改数据类型</td><td></td><td></td><td></td><td>20</td><td></td></tr>
<tr><td colspan="2">操作规范性</td><td colspan="2"></td><td></td><td></td><td></td><td>5</td><td></td></tr>
<tr><td colspan="2">安全</td><td colspan="2"></td><td></td><td></td><td></td><td>5</td><td></td></tr>
</table>

【项目目标】打开素材"项目 12 Excel 获取外部数据操作.xlsx",使用逗号作为分隔符号,在 A1 单元格中导入文本文件"销售数据",不导入"折扣"列,再将工作表命名为"销售订单"。

【项目分析】本项目要求利用 Excel 2010 按要求导入外部数据。

【知识准备】数据导入。

【项目实施】

1. 打开文档。

(1) 打开素材"项目 12 Excel 获取外部数据操作.xlsx"。单击"数据"选项卡,选择"获取外部数据"命令中的"自文本"命令,如图 2-185 所示。

(2) 在打开的"导入文本文件"对话框中选择"业绩.txt"单击,"导入"按钮,如图 2-186 所示。

视频 2-12
Excel 获取外部数据操作

图 2-185 "自文本"命令

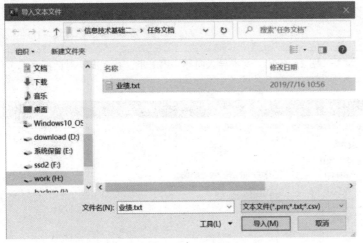

图 2-186 "导入文本文件"窗口

2. 获取数据导入方式。

(1) 在"文本导入向导-第1步,共3步"对话框中,文件原始格式选择"950:繁体中文(Big5)",如图 2-187 所示,单击"下一步"按钮。

(2) 在"文本导入向导-第2步,共3步"对话框中,在分隔符号下选择"逗号",如图 2-188 所示,单击"下一步"按钮。

3. 导入所有列或部分列。

(1) 在"文本导入向导-第3步,共3步"对话框中,"列数据格式"中选择"不导入此列(跳过)",在"数据预览"下方单击如图 2-189 所示列,数据预览效果变为"忽略列"字样,单击"完成"按钮。

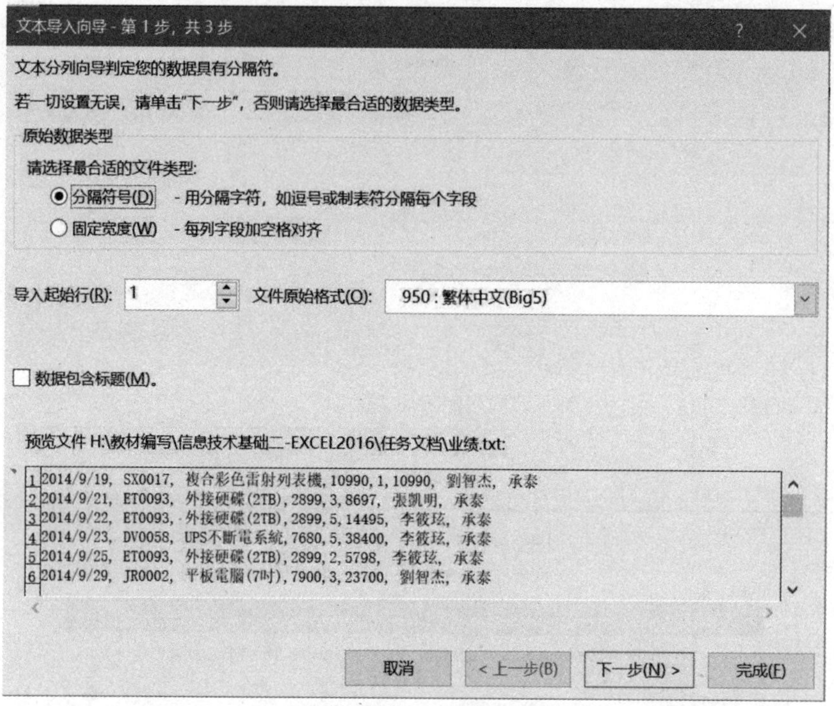

图 2-187 "文本导入向导-第 1 步，共 3 步"对话框

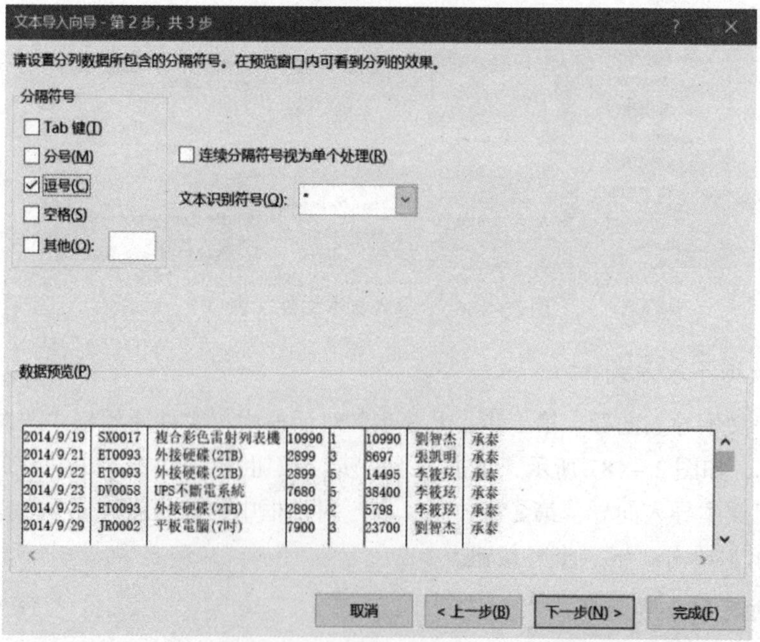

图 2-188 "文本导入向导-第 2 步，共 3 步"对话框

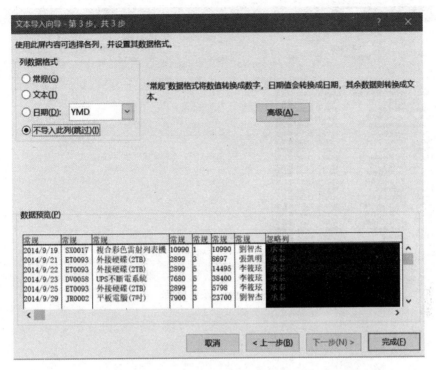

图 2 – 189 "文本导入向导 – 第 3 步,共 3 步"对话框

(2) 在"导入数据"对话框中选择数据的放置位置为"现有工作表"的 A1 单元格,如图 2 – 190 所示。

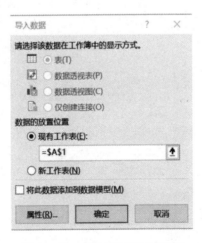

图 2 – 190 "导入数据"对话框

(3) 最终效果如图 2 – 191 所示。

【项目总结】本项目要求利用 Excel 2016 导入外部数据,导入时,可修改数据类型,可设置不导入某列数据。

图 2-191 最终效果

项目 13

Excel 工作表的页面设置及打印

基本信息	姓名		学号		班级		总评成绩	
	规定时间	20 min	完成时间		考核日期			
任务工单	序号	步骤		完成情况			标准分	评分
				完成	基本完成	未完成		
	1	打印标题范围					15	
	2	页眉/页脚					20	
	3	打印区域					15	
	4	邮件合并					20	
	5	各字段与占位符的设置					20	
操作规范性							5	
安全							5	

【项目目标】启动 Excel 2016,打开工作簿"项目 13 Excel 工作表的页面设置及打印.xlsx"。完成如下操作:

(1) 设置打印标题的范围为第 1 行。

(2) 将工作表设置除首页外,页眉中央为数据表名称,页脚中央选择"第 1 页,共 ? 页"样式。

(3) 设置单元格范围 A3:G9 为打印区域,然后使用"Microsoft XPS Document Writer"打印机打印 3 份。

【项目分析】本项目要求利用 Excel 2010 建立新文档,完成打印设置操作。

【知识准备】掌握文档的编辑、表格的简单制作、邮件合并中原始文档与数据源的连接、各字段与占位符的设置、数据源数据的处理。

【项目实施】

1. 打开文档。

(1) 打开"项目 13 Excel 工作表的页面设置及打印.xlsx",

视频 2-13
Excel 工作表的页面设置及打印

选择"页面布局"选项卡,选择"页面设置"组中的"打印标题"命令,如图 2-192 所示。

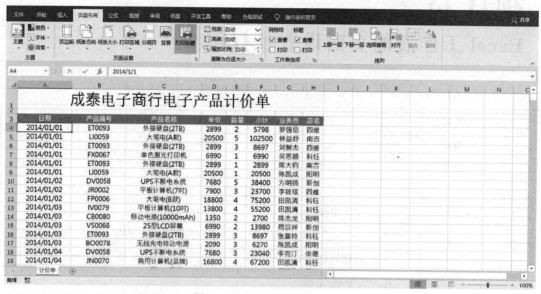

图 2-192 "打印标题"命令

(2) 在打开的"页面设置"对话框中,选择"工作表"选项卡,设置如图 2-193 所示。

图 2-193 "页面设置-工作表"对话框

2. 设置页眉/页脚。

(1) 在打开的"页面设置"对话框中,单击"页眉/页脚"选项卡,设置如图 2-194 所示。然后单击"自定义页眉"按钮。

图 2-194 "页面设置-页眉/页脚"对话框

(2) 在打开的"页眉"对话框中,单击"页眉"选项卡,设置如图 2-195 所示。单击"确定"按钮,返回"页面设置"对话框,单击"自定义页脚"按钮。效果如图 2-196 所示。

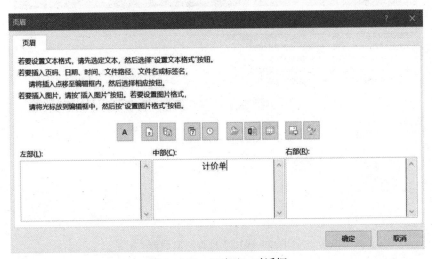

图 2-195 "页面"对话框

(3) 在打开的"页脚"对话框中,单击"页脚"选项卡,设置如图 2-197 所示。然后单击"确定"按钮,返回"页面设置"对话框,单击"确定"按钮。效果如图 2-198 所示。

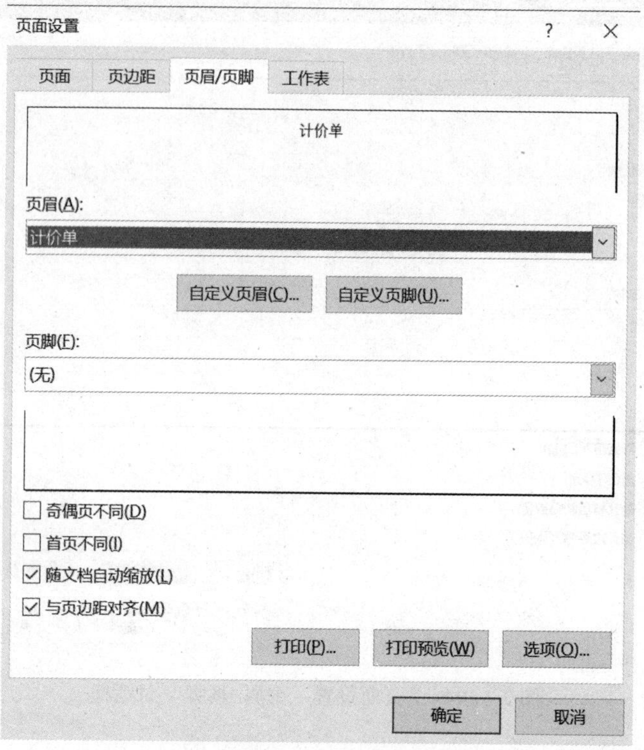

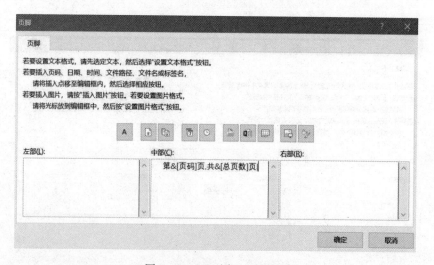

图 2-196 "页眉设置"效果

图 2-197 "页脚"对话框

3. 打印设置。

选择"文件"中的"打印"命令,设置如图 2-199 所示。

【项目总结】本项目使用 Excel 2016 页面设置命令,完成页眉和页脚的设置,最后完成打印设置。

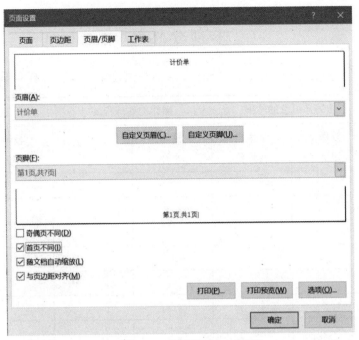

图 2-198 "页脚设置"对话框

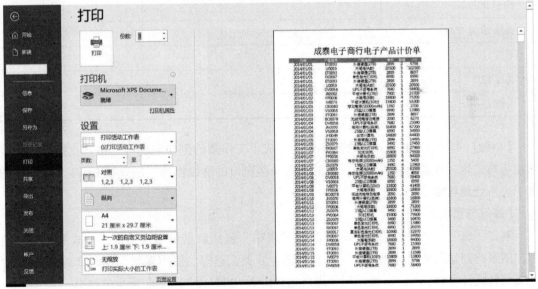

图 2-199 打印设置

本部分总结

【评价】

项目	相关知识点的掌握		操作的熟练程度		完成的结果	
	教师评价	学生自我评价	教师评价	学生自我评价	教师评价	学生自我评价
项目1						
项目2						
项目3						
项目4						
项目5						
项目6						
项目7						
项目8						
项目9						
项目10						
项目11						
项目12						
项目13						

【小结】 本项目根据 Excel 的基本功能完成了工作簿的创建和保存、格式化操作、图表创建与格式化、数据计算与管理,同时包含一些窗口的高级操作,展现了 Excel 十分强大的电子表格处理功能。

【练习与思考】

制作一份"业务员销售统计分析"电子表格,包括数据编辑、修饰,公式和函数的使用,图表的创建和修饰,数据的排序、筛选、分类汇总等。使用素材"项目2 综合实训 业务员销售统计分析.xlsx",使数据处理后达到图 2-200~图 2-208 所示的效果。

图 2-200　业务员销售统计分析原始表1

图 2-201　业务员销售统计分析原始表2

业绩统计分析表	
统计项目	统计结果
总积分最高分	
总积分最低分	
总积分平均分	
平均分90-100（人）	
平均分80-89（人）	
平均分70-79（人）	
平均分60-69（人）	
平均分59分以下（人）	

图 2-202　业务员销售统计表

业务员销售统计分析

职号	姓名	单位名称	性别	2014Q1	2014Q2	2014Q3	2014Q4	2014Q5	2014Q6	2014Q7	2014Q8	平均分	加减分	总积分	总排名
0001	庄哲诚	南庄	男	65.98	79.50	97.87	71.57	77.77	75.52	83.66	82.89	79.35	9.00	625.76	17
0002	陈冠中	南庄	男	66.39	79.73	84.99	62.02	84.13	76.07	65.23	69.24	73.48	3.00	584.80	47
0003	吴庭维	高源	男	74.33	89.25	66.05	79.35	66.50	81.21	81.05	88.93	78.33	12.50	614.17	21
0004	林建呈	东和	男	74.92	76.30	61.55	81.72	73.76	63.34	60.69	83.26	71.94	0.00	575.54	54
0005	郭人铨	正隆	男	67.93	94.83	85.98	77.14	75.78	84.93	55.98	63.43	75.75	10.50	595.50	35
0006	许孟庭	南庄	女	91.86	63.17	65.98	89.21	51.17	66.17	67.01	89.29	72.96	2.50	581.16	49
0007	蔡明翰	正隆	男	84.56	64.36	67.94	62.88	77.59	69.57	52.30	64.46	67.96	10.50	533.16	72
0008	白上正	北鑫	男	61.83	92.17	68.04	93.44	85.91	63.20	84.05	83.30	78.99	0.00	631.94	14
0009	吴柏逸	高源	男	80.86	85.85	93.82	88.23	77.40	85.92	58.99	78.50	81.20	0.00	649.57	7
0010	李政修	北鑫	男	94.29	87.26	82.07	99.80	76.46	66.71	86.68	74.96	83.53	2.00	666.23	5
0011	黄泓贸	正隆	男	60.20	95.24	70.77	88.50	81.55	59.75	79.64	55.30	73.87	4.00	586.95	44
0012	徐世宏	南庄	男	69.06	81.11	88.58	73.87	74.61	81.54	73.35	71.36	76.69	0.00	613.48	23
0013	周恩隆	正隆	男	69.53	91.10	91.86	76.36	81.34	89.83	89.65	88.44	84.76	2.50	675.61	3
0014	施喻馨	正隆	女	74.48	75.76	87.65	94.82	68.58	68.07	57.03	85.97	76.55	6.50	605.86	29
0015	陈文祥	京诚	男	81.96	67.35	86.87	97.30	53.95	62.20	68.61	74.25	74.06	5.50	586.99	43
0016	蔡昕妤	高源	女	75.71	73.76	82.26	61.48	70.13	79.61	75.06	61.56	72.45	0.00	579.57	51
0017	曾菱丕	正隆	男	75.30	94.14	77.07	67.33	81.13	82.98	73.50	75.63	78.39	0.00	627.08	16
0018	赖玫綦	东和	女	79.22	67.04	87.64	65.35	83.51	87.89	60.08	57.57	73.54	0.00	588.30	41
0019	陈蕰豊	东和	女	63.46	99.61	83.49	65.56	78.91	67.56	67.74	55.25	72.70	5.50	576.08	53
0020	郑维文	京诚	男	62.12	85.70	78.25	60.83	83.49	63.87	74.71	80.87	73.73	2.00	587.84	42
0021	刘哲豪	正隆	男	70.69	92.47	65.54	79.06	76.01	74.82	47.29	72.91	75.74125	0.00	605.93	27
0022	吴奕璇	正隆	女	98.65	76.90	71.11	65.85	85.97	53.39	71.14	77.91	75.115	0.00	600.92	33
0023	蔡骐庭	高源	女	79.98	89.02	66.95	79.74	66.32	62.25	50.34	78.73	71.66625	0.00	573.33	57
0024	胡玫婷	南庄	女	95.52	85.04	95.21	95.49	79.76	77.11	89.05	51.47	83.60625	0.00	668.85	4
0025	林丞宽	京诚	男	98.81	94.83	80.72	66.21	89.91	67.46	75.94	63.06	79.6175	0.00	636.94	11
0026	林杰霖	正隆	男	77.23	78.85	71.25	98.94	63.97	81.90	57.43	59.80	73.67125	0.00	589.37	38
0027	杨葳屹	高源	男	71.21	79.76	97.67	95.80	72.06	64.57	69.73	55.08	75.735	0.00	605.88	28
0028	游竣翔	正隆	男	86.85	82.43	86.88	81.72	64.67	74.85	87.78	83.27	81.05625	0.00	648.45	8
0029	陈颢文	南庄	男	80.71	72.00	89.83	97.98	57.89	77.86	60.53	60.28	74.635	0.00	597.08	34

图 2-203　销售统计分析表-样表

业绩统计分析表	
统计项目	统计结果
总积分最高分	728.61
总积分最低分	431.14
总积分平均分	596.29
平均分90-100（人）	2
平均分80-89（人）	8
平均分70-79（人）	58
平均分60-69（人）	5
平均分59分以下（人）	2

图 2-204　业绩统计表-样表

职号	姓名	单位名称	性别	2014Q1	2014Q2	2014Q3	2014Q4	2014Q5	2014Q6	2014Q7	2014Q8	平均分	加减分	总积分	总排名
0007	蔡明翰	正隆	男	84.56	64.36	67.94	62.88	77.59	69.57	52.30	64.46	67.96	10.50	533.16	72
0031	高维辰	京诚	男	64.42	94.42	65.99	70.93	81.02	63.94	50.81	54.84	68.29625	0.00	546.37	70
0049	叶书安	高源	男	68.05	80.05	64.11	71.93	60.50	80.36	50.74	53.65	66.17375	3.50	525.89	73
0052	苏仁弘	东和	男	46.42	35.65	71.00	48.64	55.55	50.40	76.19	51.79	54.455	4.50	431.14	75
0070	赖旻琪	高源	男	70.71	50.00	68.26	55.00	36.80	54.00	71.11	59.07	58.11875	-2.50	467.45	74

图 2-205　筛选平均分后 5 名

业务员销售统计分析

职号	姓名	单位名称	性别	2014Q1	2014Q2	2014Q3	2014Q4	2014Q5	2014Q6	2014Q7	2014Q8	平均分	加减分	总积分	总排名
0009	吴柏逸	高源	男	80.86	85.85	93.82	88.23	77.40	85.92	58.99	78.50	81.20	0.00	649.57	7
0010	李政修	北鑫	男	94.29	87.26	82.07	99.80	76.46	66.71	86.68	74.96	83.53	2.00	666.23	5
0013	周恩隆	正隆	男	69.53	91.10	91.86	76.36	81.34	89.83	89.65	88.44	84.76	2.50	675.61	3
0024	胡铵婷	南庄	女	95.52	85.04	95.21	95.49	79.96	77.11	89.05	51.47	83.60625	0.00	668.85	4
0028	游浚翔	正隆	男	86.85	82.43	86.88	81.72	64.67	74.85	87.78	83.27	81.05625	0.00	648.45	8
0030	曾冠霖	高源	男	99.10	87.93	63.57	65.52	77.54	88.33	75.34	88.84	80.77125	0.00	646.17	9
0060	李昂致	正隆	男	96.54	80.76	76.88	88.22	75.41	71.30	85.06	80.94	81.88875	0.00	655.11	6
0064	高旻胜	高源	男	90.61	97.37	99.13	70.87	58.16	81.40	59.31	89.81	80.8325	2.00	644.66	10
												平均分	平均分		
												>80	<=90		

图 2-206　筛选平均分＞80 且≤90

性别	平均分
男 平均值	74.81
女 平均值	75.29

图 2-207　汇总男女平均分

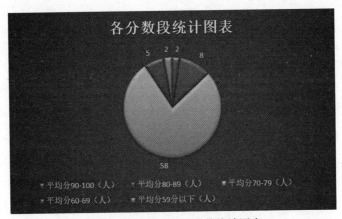

图 2-208　各分数段人数统计图表

第三部分
Microsoft Office PowerPoint 2016 演示文稿软件

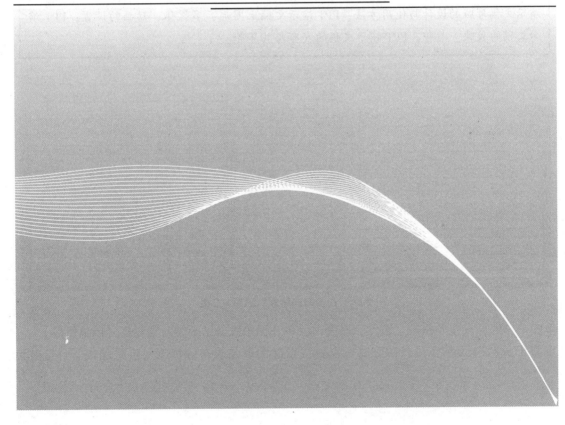

【描述】

PowerPoint 2016 是微软公司开发的 Microsoft Office 2016 软件包中的一个重要组成部分，适用于创建、编辑专业的演示文稿，广泛应用于专家报告、教师授课、产品演示、广告宣传等宣讲活动电子版幻灯片的设计制作。

【分析】

本部分主要从演示文稿的创建、编辑和保存，使用母版创建统一风格的演示文稿，演示文稿的图形、多媒体、动画设置，幻灯片的放映、打印，以及发布与共享演示文稿方面进行设置。

【相关知识和技能】

本部分相关的知识点有：PPT 演示文稿的创建与保存；PPT 演示文稿的编辑；PPT 演示文稿母版的设计与使用方法；PPT 演示文稿上图形、多媒体、动画的设置；PPT 演示文稿的放映、打印，PPT 演示文稿的发布与共享等。

项目 1
演示文稿的创建与保存

基本信息	姓名		学号		班级		总评成绩	
	规定时间	30 min	完成时间		考核日期			
任务工单	序号	步骤		完成情况			标准分	评分
				完成	基本完成	未完成		
	1	利用模板功能创建演示文稿					25	
	2	利用设计版式创建演示文稿					40	
	3	通过相册创建图片演示文稿					25	
操作规范性							5	
安全							5	

【项目目标】

目标1：利用联机模板，创建如图 3-1 所示的"实验室水滴设计"的演示文稿。

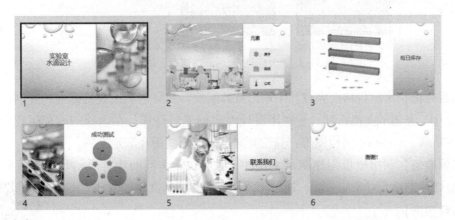

图 3-1　使用"实验室水滴设计"模板创建的演示文稿效果

目标2：利用设计版式创建如图 3-2 所示的"水的形成过程.pptx"演示文稿。

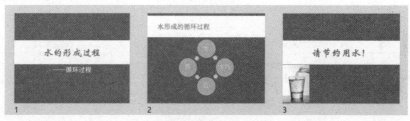

图3-2 "水的形成过程.pptx"演示文稿效果

目标3：通过相册创建如图3-3所示的"大连风光.pptx"图片演示文稿。

图3-3 "大连风光.pptx"演示文稿效果

【项目分析】本项目依次完成三个小幻灯片制作：其一是利用联机模板功能创建"实验室水滴设计"类演示文稿；其二是利用设计模板创建幻灯片，在创建幻灯片过程中，添加文本、剪贴画、SmartArt结构图等；其三是通过相册创建图片演示文稿。

【知识准备】利用模板创建演示文稿的方法；PPT文档的建立及幻灯片设置的基本操作；在幻灯片中插入对象的方法；通过相册创建图片演示文稿的方法。

【项目实施】

1. 利用模板功能，自动创建一个"实验室水滴设计"类的演示文稿，并在演示文稿的最后添加一张新幻灯片，在幻灯片中添加标题"谢谢！"。

（1）启动PowerPoint 2016，单击"文件"，在下拉菜单中选择"新

视频3-1
利用联机模板功能
创建演示文稿

建",在搜索框中选择"主题",单击"实验室水滴设计",如图3-4所示;在弹出的对话框中,单击"创建"按钮,如图3-5所示。

图3-4 选择"实验室水滴设计"模板

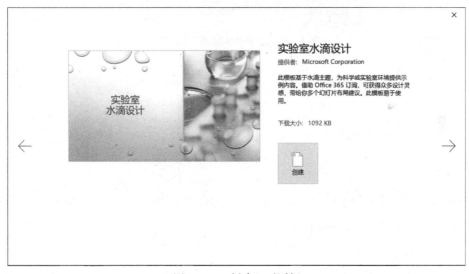

图3-5 "创建"对话框

(2) 在"幻灯片"视图中选中第五张幻灯片。选择"开始"选项卡,单击"幻灯片"组"新建幻灯片"的下拉箭头,在下拉菜单中选择"节标题"版式,如图3-6所示,在演示文稿的末尾添加一张如图3-7所示的新幻灯片。

(3) 单击文本框"单击此处添加标题",并直接输入"谢谢!",效果如图3-8所示。

(4) 在每张幻灯片中填入相应的文本,完善内容。

(5) 单击"文件"菜单下的"保存"命令,或单击"快速访问工具栏"上的"保存"按钮,出现如图3-9所示界面,先选择演示文稿的保存位置,并在"文件名"下输入"项目1-1"后,单击"保存"按钮。

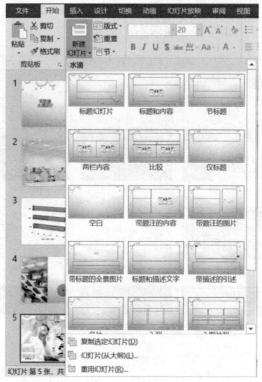

图3-6 选择"节标题"幻灯片

图3-7 "节标题"版式的幻灯片

图3-8 效果

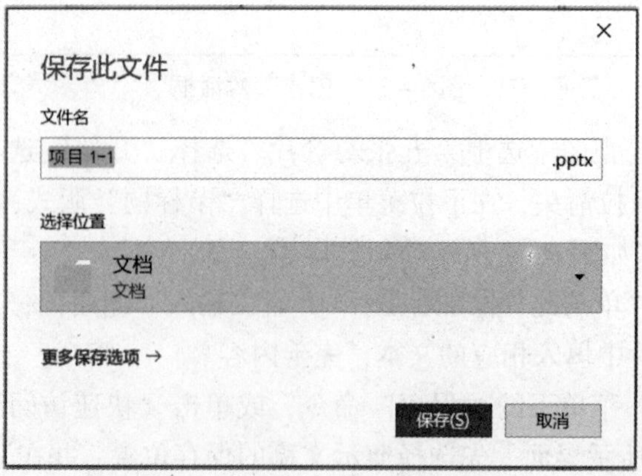

图3-9 "保存此文件"对话框

视频 3-2
利用设计版式
创建演示文稿

2. 利用设计版式功能创建演示文稿。

(1) 启动 PowerPoint 2016,选择"开始"选项卡,单击"幻灯片"组中的"新建幻灯片",在"Office 主题"中选择"标题幻灯片",出现如图 3-10 所示的界面。

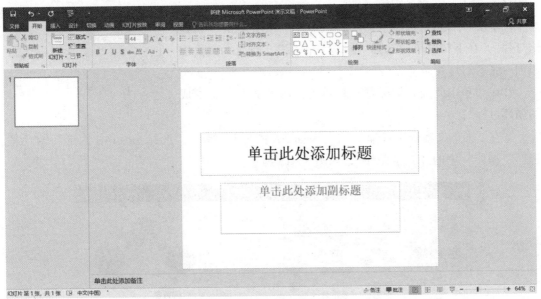

图 3-10 "标题幻灯片"版式

(2) 选择"设计"选项卡,在"自定义"组中单击"幻灯片大小",在其下拉列表中单击"自定义幻灯片大小",在弹出的"幻灯片大小"对话框中,设置"幻灯片方向"为"横向"。

(3) 选择"设计"选项卡,单击"主题"组中的"带状",如图 3-11 所示。

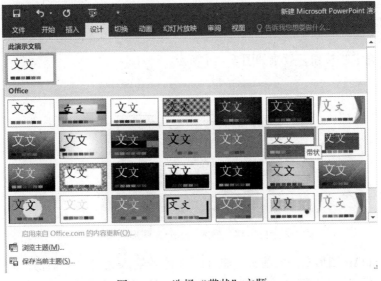

图 3-11 选择"带状"主题

（4）在"单击此处添加标题"处单击，添加文本"水的形成过程"。选择"开始"选项卡，设置字体为"华文新魏"，字号为"60"。

（5）在"单击此处添加副标题"处单击，添加文本"——循环过程"。选择"开始"选项卡，设置字体为"华文中宋"，字号为"40"。效果如图 3-12 所示。

（6）插入 SmartArt 图形。

①单击"开始"选项卡，在"幻灯片"组中单击"新建幻灯片"，在下拉菜单中选择"标题和内容"，向演示文稿中添加一张新幻灯片。

②在"单击此处添加标题"处单击，输入文本"水形成的循环过程"。

图 3-12　设置文本样式效果

③在下面的文本框中选择"插入 SmartArt 图形"，弹出"选择 SmartArt 图形"对话框，选择"循环"中的"基本循环"，如图 3-13 所示。

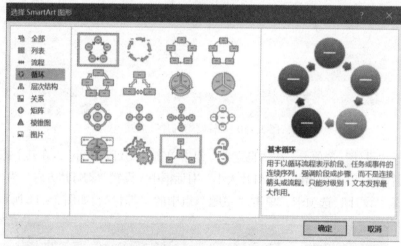

图 3-13　"选择 SmartArt 图形"对话框

④单击"确定"按钮，效果如图 3-14 所示。

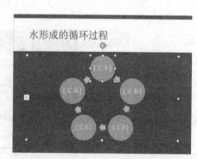

图 3-14　插入 SmartArt 图形效果

⑤单击 SmartArt 图形左侧的箭头，展开"在此处输入文字"对话框，并分别输入文字"水""水汽""云"和"雨"，如图 3-15 所示。

第三部分 Microsoft Office PowerPoint 2016演示文稿软件

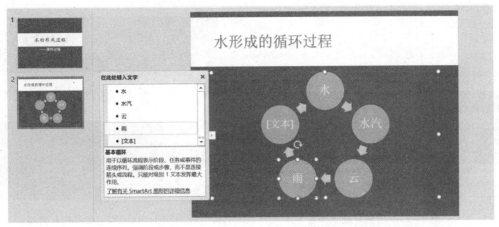

图 3-15　SmartArt 图形录入文字

⑥单击 SmartArt 图形中的"文本",按下 Delete 键将其删除。第二张幻灯片的效果如图 3-16 所示。

(7) 把第一张幻灯片复制一份放在演示文稿的最后一页上。

操作技巧:

复制幻灯片的方法有多种:

方法一:利用幻灯片浏览视图复制幻灯片。

①在幻灯片浏览视图中,选定第一张幻灯片。

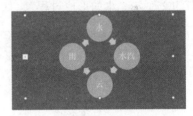

图 3-16　第二张幻灯片效果

②按住 Ctrl 键,然后按住鼠标左键拖动第一张幻灯片。

③拖动时,会出现一个竖直的插入点来表示选定幻灯片将要放置的新位置。

④把鼠标拖动到最后,松开鼠标左键,再松开 Ctrl 键,第一张幻灯片被复制到演示文稿的最后一页。

方法二:通过命令按钮来复制幻灯片。

①在幻灯片浏览视图中,选定第一张幻灯片。

②选择"开始"选项卡,单击"剪贴板"组中的"复制"命令。

③将插入点移到第二张幻灯片,选择"粘贴"按钮即可完成操作。

(8) 更改第三张幻灯片中的标题、删除副标题及插入一个剪贴画。

① 更改文字"水的形成过程"为"请节约用水!"。

②选中副标题文本框,按 Delete 键删除这个对象。

③选择"插入"选项卡,单击"图像"组中的"图片"命令,在其下拉列表中选择"联机图片",显示"插入图片"对话框。

④在必应图像搜索后的文本框中输入"水",然后按 Enter 键。

⑤在搜索结果中找到合适的图片,单击"联机图片"对话框下方的"插入"命令,如图 3-17 所示。将其调整至合适大小,并移动至适当的位置。第三张幻灯片的效果如图 3-18 所示。

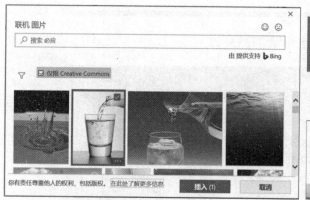
图 3-17 搜索并插入图片

图 3-18 第三张幻灯片效果

(9) 保存演示文稿。

单击"文件"菜单下的"另存为"命令,在"另存为"对话框的"文件名"框中输入新的文件名"水的形成过程",如图 3-19 所示。

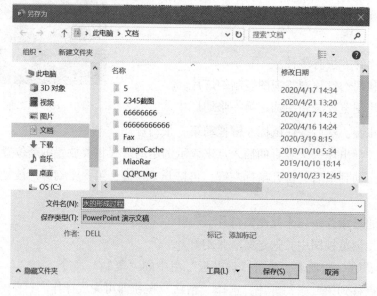
图 3-19 "另存为"对话框

操作技巧:

①使用"联机模板"制作的演示文稿,用户可以根据需要修改其中的内容,或者添加新的幻灯片,以便得到自己所需的演示文稿。

②搜集素材。

• 制作演示文稿时,需要综合运用图片、声音、视频等各种文件,不断提高幻灯片的美观性和实用性。选用可视类素材时,要注意素材与主题相符、颜色搭配与整体风格协调、分辨率足够适合幻灯片尺寸等诸多方面的因素。

• 搜集素材时,应充分运用搜索引擎的分类搜索功能。

③移动一张幻灯片的最简单办法就是使用"拖放"操作。当然,也可以使用"剪切""粘贴"命令或者相应的按钮来移动幻灯片。要使用拖放操作重新排列幻灯片的顺序,需遵循下面的操作:

● 单击 PowerPoint 2016 窗口下侧水平右端的"幻灯片浏览视图"按钮,切换到幻灯片浏览视图,将鼠标指向所要移动的幻灯片。

● 按住鼠标左键并拖动鼠标,将插入标记移动到新的位置。

● 释放鼠标,幻灯片就被移到了新的位置。

3. 通过相册创建图片演示文稿。

(1) 单击"文件"菜单中的"新建"选项,在右侧区域中单击"空白演示文稿"。

视频 3-3
使用相册创建
图片演示文稿

(2) 选择"插入"选项卡,单击"图像"组中的"相册",在展开的下拉列表中单击"新建相册",如图 3-20 所示。

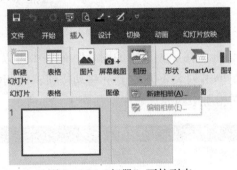

图 3-20 "相册"下拉列表

(3) 在弹出的"相册"对话框中单击"文件/磁盘"按钮,如图 3-21 所示。

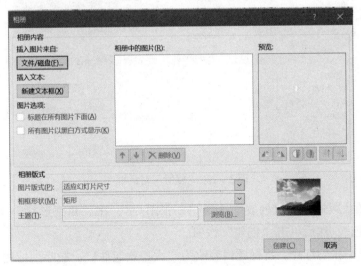

图 3-21 "相册"对话框

(4) 在弹出的"插入新图片"对话框中选择需要插入相册中的图片。按 Ctrl 键可同时选择多张图片。选择图片后,单击"插入"按钮,如图 3-22 所示。

图3-22 "插入新图片"对话框

（5）返回"相册"对话框，在"相册中的图片"列表中可以查看已插入的图片，单击即可预览。选中一张图片，单击列表下方的上下移动按钮，可调整图片在列表中的排列顺序，这个顺序将决定图片在相册中的放置顺序，如图3-23所示。

图3-23 "相册"对话框

（6）在"图片版式"下拉列表中选择"一张图片"，在"相框形状"下拉列表中选择"简单框架，白色"，然后单击"创建"按钮。

（7）选中第一张幻灯片，将标题内容改为"大连欢迎你！"，删除副标题。

（8）切换视图。

选择"视图"选项卡，单击"演示文稿视图"中的"幻灯片浏览"，切换至幻灯片浏览视图，还可单击窗口底部"视图按钮"区的"幻灯片浏览"按钮来完成切换视图的操作。

(9) 调整视图的显示比例。

单击"视图"选项卡下"缩放"组的"缩放"按钮,在弹出的"缩放"对话框中设置"百分比"为"50%",如图 3-24 所示;也可利用窗口右下角状态栏中的缩放比例控件快速改变文档的显示比例。

(10) 分节。

①选中幻灯片 2 ~ 幻灯片 4,单击"开始"选项卡的"幻灯片"组中的"节",在展开的下拉列表中单击"新增节",如图 3-25 所示。

图 3-24 "缩放"对话框

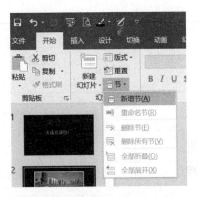
图 3-25 "节"下拉列表

②在"重命名节"对话框中,设置"节名称"为"星海广场",单击"重命名"按钮,如图 3-26 所示。

图 3-26 "重命名节"对话框

③将幻灯片 5 至幻灯片 7 新增一个节,名称为"老虎滩";将幻灯片 8 至幻灯片 9 新增一个节,名称为"森林公园"。

(11) 单击"文件"菜单下的"另存为"命令,在"另存为"对话框的"文件名"框中输入新的文件名"大连风光"。

【项目总结】本项目利用"联机模板"功能、设计模板和相册,创建与编辑三个演示文稿,充分练习了演示文稿的创建过程。

项目 2
编辑演示文稿

基本信息	姓名		学号		班级		总评成绩	
	规定时间	30 min	完成时间		考核日期			
任务工单	序号	步骤	完成情况			标准分	评分
			完成	基本完成	未完成		
	1	导入 Word 文件内容				10	
	2	为演示文稿设置主题				5	
	3	设置文本的字体和对齐方式				10	
	4	把文本转换为 SmartArt 图形				10	
	5	添加备注				5	
	6	使用格式刷				10	
	7	替换字体				5	
	8	重用幻灯片				10	
	9	裁剪图片				10	
	10	添加并设置音频对象				10	
	11	保存演示文稿				5	
操作规范性						5	
安全						5	

【项目目标】通过对素材的编辑,形成如图 3-27 所示的演示文稿。

【项目分析】本项目实现导入文字内容快速生成演示文稿,对演示文稿进行字体设置、文本设置,把文本转换成 SmartArt 图形,用格式刷复制格式,裁剪图片,替换字体,添加多媒体文件,最后保存文档。

【知识准备】演示文稿的字体设置、文本设置、图片格式设置,把文本转换成 SmartArt 图形,用格式刷复制格式,替换字体,以及添加多媒体文件的方法。

第三部分 Microsoft Office PowerPoint 2016演示文稿软件

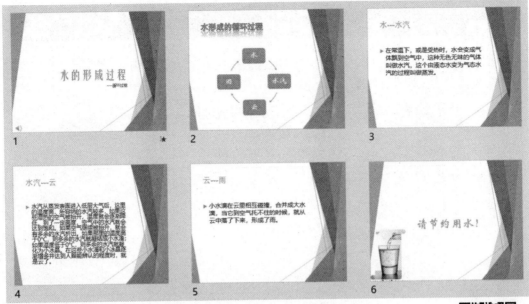

图 3-27 演示文稿效果

【项目实施】

1. 导入 Word 文件内容。

（1）启动 PowerPoint 2016，选择"开始"选项卡，单击"幻灯片"组中的"新建幻灯片"的下拉箭头，在下拉列表中选择"幻灯片（从大纲）"，出现如图 3-28 所示的界面，选定"项目 2 素材 .docx"文件，单击"插入"命令，出现如图 3-29 所示的界面。

视频 3-4
编辑演示文稿

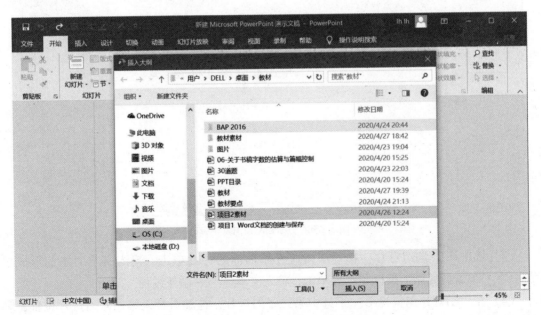

图 3-28 "插入大纲"对话框

- 231 -

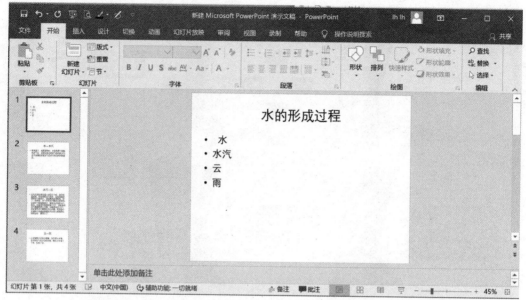

图3-29 "幻灯片(从大纲)"效果

（2）选中第一张幻灯片，选择"开始"选项卡，单击"幻灯片"组中的"新建幻灯片"的下拉箭头，在下拉菜单中选择"标题幻灯片"，出现如图3-30所示的界面。

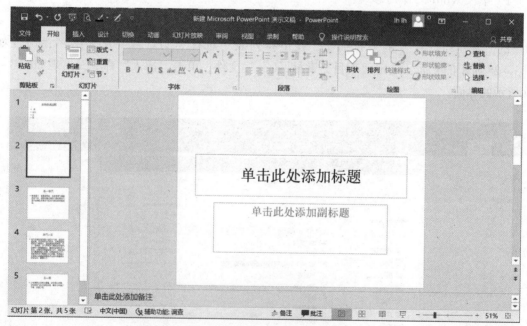

图3-30 "标题幻灯片"版式

（3）选中第二张幻灯片，在"单击此处添加标题"处单击，输入文本"水的形成过程"；在"单击此处添加副标题"处单击，输入文本"——循环过程"。

（4）在"幻灯片浏览视图"下选中第二张幻灯片，拖动鼠标至第一张幻灯片位置，释放鼠标。

2. 为演示文稿设置主题。

选择"设计"选项卡,在"主题"组中的"平面"主题上单击鼠标右键,选择"应用于所有幻灯片",如图 3-31 所示。

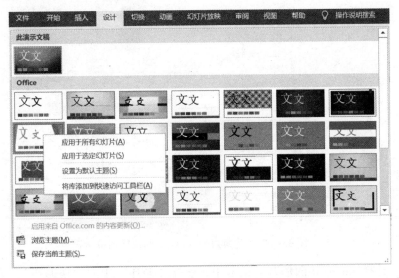

图 3-31 "平面"主题应用于所有幻灯片

3. 文本的字体和对齐方式设置。

(1)选择第一张幻灯片,选择"开始"选项卡,设置标题"水的形成过程"字体为"华文新魏","深绿色,个性色 2";设置副标题"——循环过程"字体为"隶书"。

(2)选中标题"水的形成过程"文本框,将文字"居中"对齐。单击"段落"组中的"对齐文本",在下拉菜单中选择"中部对齐"。效果如图 3-32 所示。

图 3-32 设置对齐方式后的效果

4. 把文本转换为 SmartArt 图形。

(1)选中第二张幻灯片,选定文本框,单击右键,在弹出的快捷菜单中单击"转换为 SmartArt"项的子菜单"其他 SmartArt 图形"项,如图 3-33 所示。

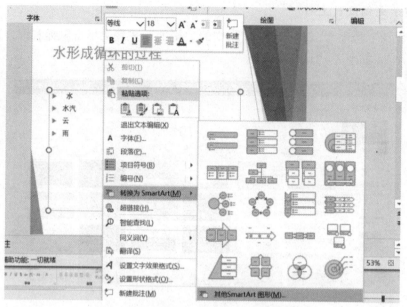

图 3-33 "转换为 SmartArt" 的快捷菜单

（2）在"选择 SmartArt 图形"对话框中，选择"循环"中的"块循环"，单击"确定"按钮，效果如图 3-34 所示。

图 3-34 "转换为 SmartArt" 后的效果

5. 添加备注。

（1）选中第二张幻灯片，单击"单击此处添加备注"处，输入文字"江河湖海的水面，以及土壤和动、植物的水分，随时蒸发到空中变成水汽。水汽进入大气后，成云致雨，或凝聚为霜露，然后又返回地面，渗入土壤或流入江河湖海。以后又再蒸发（汽化），再凝结（凝华）下降。周而复始，循环不已。"效果如图 3-35 所示。

（2）选定标题"水形成的循环过程"，单击"格式"选项卡，在"艺术字样式"组中选择"填充：深绿色，主题2"，"文本效果"选择"映像"的"全映像：8磅 偏移量"，如图 3-36 所示。效果如图 3-37 所示。

6. 使用"格式刷"复制格式。

（1）选定第三张幻灯片的文本框内容，选择"开始"选项卡，设置字体为"华文新魏"，字号为"28"。

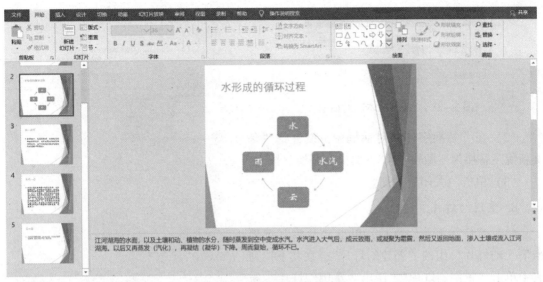

图3-35　添加备注后的效果

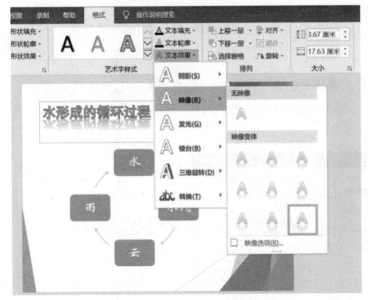

图3-36　艺术字"文本效果"下拉列表

图3-37　设置艺术字后的效果

(2) 双击"开始"选项卡下"剪贴板"命令组中的"格式刷"。
(3) 选定第四张幻灯片,用"格式刷"去刷文本框内容。
(4) 选定第五张幻灯片,用"格式刷"去刷文本框内容。
(5) 单击"格式刷"按钮,取消复制格式操作。

7. 替换字体。

(1) 选择"开始"选项卡,在"编辑"命令组中单击"替换"右边的下拉箭头,在下拉列表中单击"替换字体",弹出"替换字体"对话框,如图3-38所示。

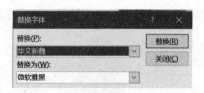

图 3-38 "替换字体"对话框

(2) 在"替换字体"对话框中,设置将"华文新魏"替换为"微软雅黑",单击"替换"按钮。

(3) 单击"关闭"按钮。

8. 重用幻灯片。

(1) 选中第五张幻灯片,单击"开始"选项卡下"幻灯片"组的"新建幻灯片",在其下拉列表中单击"重用幻灯片",调出"重用幻灯片"窗格,如图 3-39 所示。

(2) 单击"浏览"按钮,找到"节约用水.pptx",勾选"保留源格式",单击该幻灯片。

图 3-39 "重用幻灯片"窗格

9. 裁剪图片。

选中第六张幻灯片,选中图片,选择"格式"选项卡,单击"大小"组中的"裁剪",在下拉列表中选择"裁剪为形状",在"星与旗帜"组中选择"卷形:垂直",如图 3-40 所示。修改效果如图 3-41 所示。

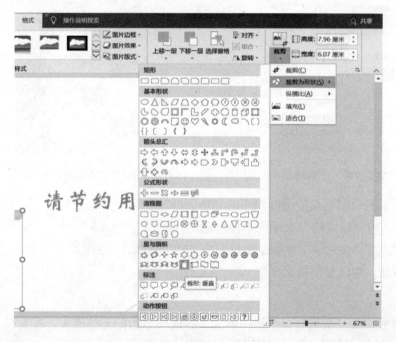

图 3-40 "裁剪"下拉列表

图 3-41 裁剪图片后的效果

10. 添加并设置音频对象。

(1) 选中第一张幻灯片,选择"插入"选项卡,单击"媒体"组中的"音频"按钮,在下拉列表中选择"PC 上的音频",如图 3-42 所示。

图 3-42 插入"PC 上的音频"

(2) 在弹出的"插入音频"对话框中选定"草原的月亮",单击"插入"按钮,如图 3-43 所示,在第一张幻灯片中就会添加一个"声音"图标。

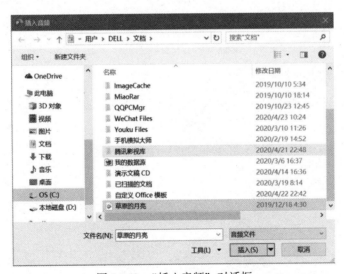

图 3-43 "插入音频"对话框

(3) 选中声音图标,选择"播放"选项卡,设置"音频选项"组中的"开始"为"自动",选中"跨幻灯片播放",调整声音图标到幻灯片左下角。第一张幻灯片效果如图 3-44 所示。

图 3-44　添加音频后的效果

11. 保存演示文稿。

单击"文件"菜单下的"另存为"命令，在"另存为"对话框的"文件名"框中输入新的文件名"项目2"。

【项目总结】本项目主要练习演示文稿的字体设置、文本设置、图片格式设置，用格式刷复制格式，把文本转换成 SmartArt 图形，替换字体，以及添加并设置多媒体文件。

项目 3
使用母版创建统一风格的演示文稿

基本信息	姓名		学号		班级		总评成绩	
	规定时间	30 min	完成时间		考核日期			

任务工单	序号	步骤	完成情况			标准分	评分
			完成	基本完成	未完成		
	1	设置母版				45	
	2	使用"项目3 母版.potx"修饰演示文稿				45	
操作规范性						5	
安全						5	

【项目目标】利用设计母版功能制作如图 3–45 所示的模板。再使用模板设计素材,完成图 3–46 所示的效果。

图 3–45 模板效果

【项目分析】本项目先制作模板,然后使用自制的模板对素材进行设置,达到最终效果。

【知识准备】演示文稿模板的制作,使用模板设计演示文稿。

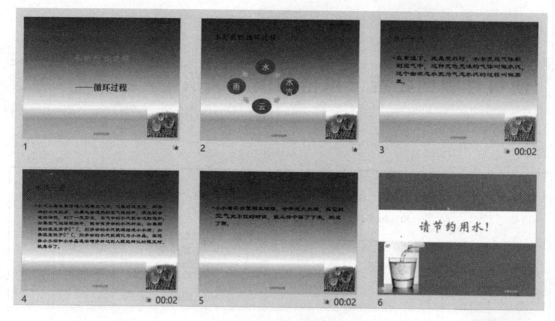

图 3-46 使用母版效果

【项目实施】

1. 设置母版。

(1) 启动 PowerPoint 2016，新建一个空演示文稿。

(2) 选择"视图"选项卡，单击"母版视图"组中的"幻灯片母版"，进入如图 3-47 所示的幻灯片母版视图。

视频 3-5
设计母版

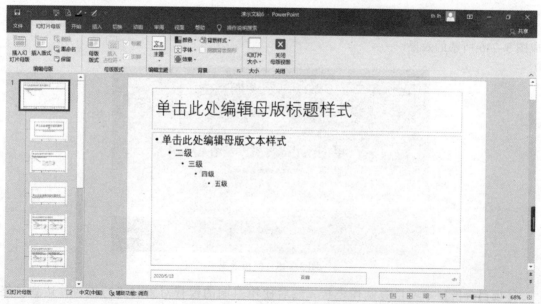

图 3-47 幻灯片母版视图

(3) 选择"Office 主题 幻灯片母版"。
(4) 编辑幻灯片母版,设置背景色填充效果为双色渐变。

①选择"幻灯片母版"选项卡,单击"背景"组中的"背景样式",在下拉列表中选择"设置背景格式",弹出"设置背景格式"窗格,如图3-48所示。

②在"填充"下,选中"渐变填充"单选按钮;在"渐变光圈"处分别设置停止点颜色为:

颜色1:紫色,RGB 数值红色150,绿色0,蓝色255。
颜色2:白色,RGB 数值红色255,绿色255,蓝色255。

操作技巧:
设置颜色的方法:选择"颜色",在下拉列表中选择"其他颜色",如图3-49所示,在弹出的"颜色"对话框中选择"自定义"选项卡,设置"颜色模式"为"RGB",按要求输入RGB 数值,如图3-50所示,单击"确定"按钮。

图3-48 "设置背景格式"窗格

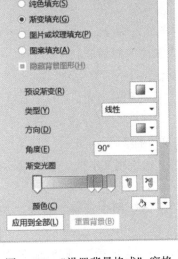

图3-49 选择"其他颜色"

③设置类型为"线性",方向为"线性向下",如图3-51所示。
④单击"应用到全部"按钮。
(5) 设置"母版标题样式"和"母版文本样式"。

①选中"单击此处编辑母版标题样式"占位符,选择"开始"选项卡,在"字体"组中设置字体为"楷体",字号为"48"。

②选中"单击此处编辑母版文本样式"占位符,选择"开始"选项卡,在"字体"组中设置字体为"隶书",字号为"32"。

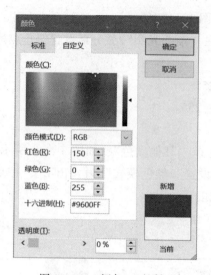

图 3-50 "颜色"对话框

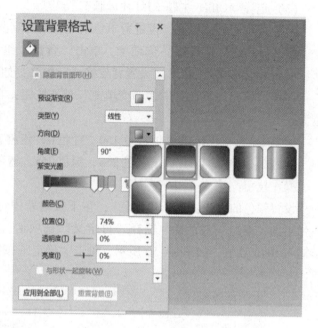

图 3-51 选择填充方向

(6) 插入图像。

①选择"插入"选项卡，单击"图像"组中的"图片"命令。

②在其下拉列表中单击"联机图片"，弹出"插入图片"对话框。

③在必应图像搜索框中输入"水滴"后按 Enter 键。

④在搜索结果中找到合适的图片插入，调整大小，移动到右下角。

(7) 插入文本框。

①选择"插入"选项卡，单击"文本"组中的"文本框"。

②在展开的下拉列表中选择"横排文本框"，在右上角绘制文本框。

③输入文字"幻灯片母版示例"。

(8) 选定"页脚"占位符，在"开始"选项卡"字体"组中设置字体为"黑体"，字号为"16"。

(9) 关闭母版视图，将演示文稿保存为类型"PowerPoint 模板"，同时命名为"项目 3 母版.potx"。

① 单击"幻灯片母版"选项卡中的"关闭母版视图"按钮，返回普通视图。

② 选择"文件"菜单下的"另存为"命令，在弹出的"另存为"对话框中，在"保存类型"下拉列表框中选择"PowerPoint 模板"选项，输入文件名"项目 3 母版"，如图 3-52 所示，单击"保存"按钮。

2. 使用"项目 3 母版.potx"修饰演示文稿。

(1) 打开"项目 3 素材.pptx"演示文稿。

视频 3-6
使用母版编辑
演示文稿

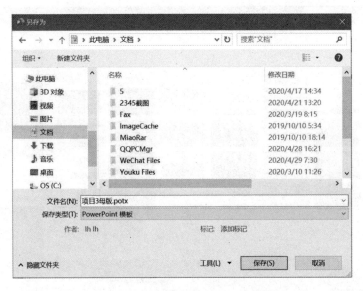

图 3-52　保存类型为 PowerPoint 模板

（2）选择"设计"选项卡，单击"主题"组中的下拉箭头，在下拉列表中选择"浏览主题"，弹出"选择主题或主题文档"对话框，选择"项目3母版.potx"，如图3-53所示，单击"应用"按钮。

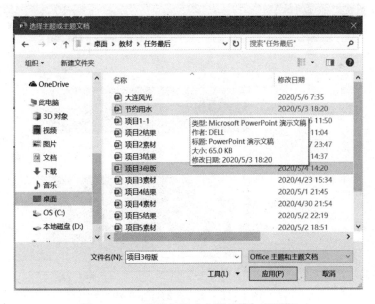

图 3-53　"选择主题或主题文档"对话框

（3）设置最后一张幻灯片。

①选中最后一张幻灯片。

②选择"设计"选项卡，在"主题"组中"带状"上单击鼠标右键，选择"应用于选定幻灯片"，如图3-54所示。效果如图3-55所示。

图 3-54 为幻灯片设置单独效果

图 3-55 第六张幻灯片效果

(4) 插入页脚。

选择"插入"选项卡,单击"文本"组的"页眉和页脚",出现"页眉和页脚"对话框。勾选"页脚",设置页脚内容为"水循环的过程",单击"全部应用"按钮,如图 3-56 所示。

图 3-56 "页眉和页脚"对话框

(5) 保存演示文稿。

【项目总结】本项目主要练习演示文稿模板的制作,以及使用模板设计演示文稿的方法。

项目 4
演示文稿的图形设置

基本信息	姓名		学号		班级		总评成绩	
	规定时间	30 min	完成时间		考核日期			

任务工单	序号	步骤	完成情况			标准分	评分
			完成	基本完成	未完成		
	1	打开演示文稿				5	
	2	设置演示文稿主题				5	
	3	设置母版标题样式				10	
	4	设置幻灯片背景				10	
	5	设置单个图形				10	
	6	设置多个图形				10	
	7	设置表格				10	
	8	设置图表				10	
	9	设置 SmartArt 图形				10	
	10	放映并保存演示文稿				10	
操作规范性						5	
安全						5	

【项目目标】通过对素材文件添加图形、图片、SmartArt 图形、表格、图表,并对各种对象的格式进行编辑,形成如图 3-57 所示的演示文稿。

【项目分析】本项目对素材文件的各幻灯片依次添加图形、图片、表格、图表、SmartArt 图形,并对各种对象进行设置,最后保存文档。

【知识准备】对添加到幻灯片中的图形、图片、SmartArt 图形、表格、图表等对象进行设置。

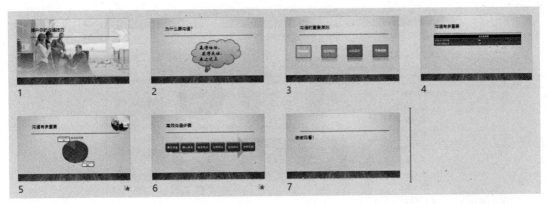

图 3-57　演示文稿效果

视频 3-7
演示文稿的图形设置

【项目实施】

1. 打开演示文稿。

（1）单击"文件"菜单下的"打开"命令。

（2）单击右侧的"浏览"按钮。

（3）在弹出的"打开"对话框中选中"项目4 素材.pptx"，单击"打开"按钮。

2. 设置演示文稿主题。

选择"设计"选项卡，在"主题"组中的"画廊"主题处单击鼠标右键，选择"应用于所有幻灯片"。

3. 设置母版标题样式。

（1）选择"视图"选项卡，单击"母版视图"组中的"幻灯片母版"。

（2）选中"画廊 幻灯片母版"。

（3）选中"单击此处编辑母版标题样式"，调整占位符大小，设置字体为"微软雅黑"，字号为"36"。

（4）关闭母版视图。

4. 设置幻灯片背景。

（1）选中第一张幻灯片。

（2）选择"设计"选项卡，单击"自定义"组中的"设置背景格式"，在"设置背景格式"窗格中单击"图片或纹理填充"。

（3）单击"图片源"下的"插入"命令。

（4）在"插入图片"对话框中单击"从文件"后的"浏览"按钮。

（5）在"插入图片"窗口，选定"背景.jpg"文件，单击"插入"命令，如图 3-58 所示。

5. 设置单个图形。

（1）选中第二张幻灯片。

图 3-58 选定"背景.jpg"文件

（2）选定文本框，单击"格式"选项卡下"插入形状"组的"编辑形状"，在其下拉列表中选择"标注"中的"思想气泡：云"，如图 3-59 所示。

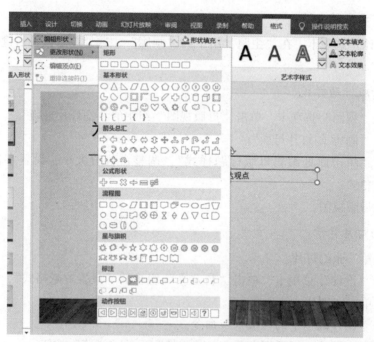

图 3-59 "编辑形状"下拉列表

（3）选择"格式"选项卡，单击"形状样式"组中的下拉箭头，在"主题样式"中单击"细微效果-红色，强调颜色1"，如图 3-60 所示。

（4）选定文本框中的文字，设置字体为"华文新魏"，字号为"40"。

（5）将文本框拖至合适位置，效果如图 3-61 所示。

图 3-60 "形状样式"下拉列表

图 3-61 第二张幻灯片效果

6. 设置多个图形。

(1) 选中第三张幻灯片。

(2) 按住 Ctrl 键,用鼠标选中 4 个文本框,在"格式"选项卡下"大小"组中设置"高度"为"3.5 厘米","宽度"为"4 厘米"。

(3) 单击"格式"选项卡下"排列"组中的"对齐"下拉箭头,在其下拉列表中分别单击"垂直居中"和"横向分布",如图 3-62 所示。

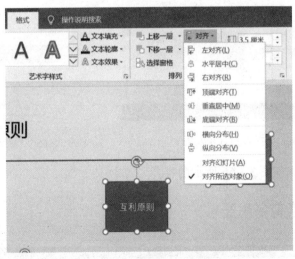

图 3-62 "对齐"下拉列表

(4) 选择"格式"选项卡,单击"形状样式"组中的"形状效果",在其下拉列表中选择"紧密映像:4 磅 偏移量",如图 3-63 所示。

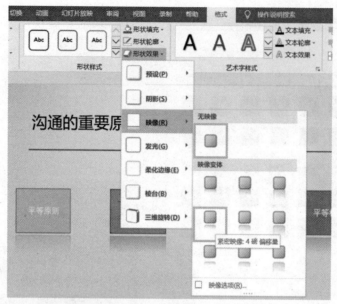

图3-63 "形状效果"下拉列表

(5)选择"开始"选项卡,在"字体"组中设置"字体"为"微软雅黑","字号"为"24"。效果如图3-64所示。

7. 设置表格。

(1)选中第四张幻灯片,在占位符中单击"插入表格",在出现的"插入表格"对话框中设置"列数"为"2","行数"为"3",单击"确定"按钮,如图3-65所示。

图3-64 第三张幻灯片效果

图3-65 "插入表格"对话框

(2)在表格中输入如图3-66所示内容。

图3-66 表格的内容

(3) 选定表格,选择"表格工具/设计"选项卡,单击"表格样式"的下拉箭头,在其下拉列表中单击"深色样式 1 – 强调 1",如图 3 – 67 所示。效果图如图 3 – 68 所示。

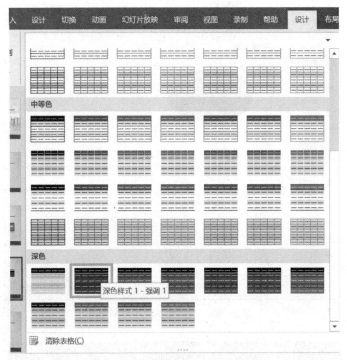

图 3 – 67 "表格样式"下拉列表

图 3 – 68 第四张幻灯片效果

8. 设置图表。

(1) 选中第五张幻灯片,单击"插入图表"占位符,在"插入图表"对话框中选择"三维饼图",单击"确定"按钮,如图 3 – 69 所示。

(2) 把"Microsoft PowerPoint 中的图表"中的数据替换为第四张幻灯片的表格中的数据,如图 3 – 70 所示,单击右上角的"关闭"按钮。

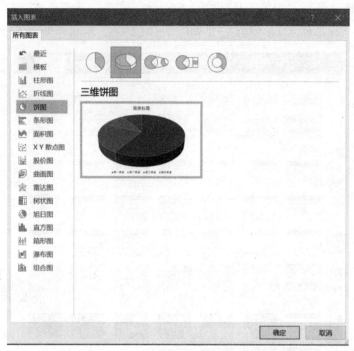

图3-69 "插入图表"对话框

图3-70 "Microsoft PowerPoint 中的图表"界面

(3) 选中图表,选择"图表工具/设计"选项卡,在"图表样式"组中单击"样式1"。

(4) 单击"图表布局"组中的"添加图表元素",在其下拉列表中选择"数据标签"的"数据标注",如图3-71所示。

(5) 单击"插入"选项卡下"图像"命令组中的"图片",在其下拉列表中单击"此设备",在"插入图片"对话框中选择"背景.jpg",单击"插入"按钮。

(6) 选中图片,选择"图片工具/格式"选项卡,单击"排列"命令组的"对齐"命令,在其下拉列表中分别单击"右对齐"和"顶端对齐"。

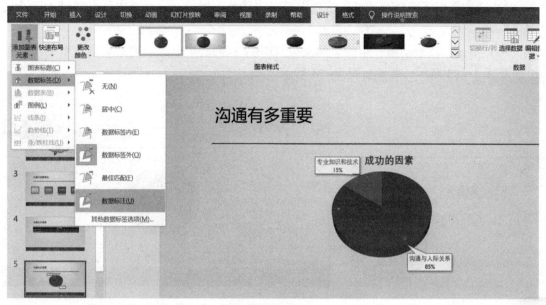

图 3-71 "添加图表元素"下拉列表

(7) 单击"大小"组中"裁剪"的下拉箭头,在其下拉列表中选择"裁剪为形状""椭圆"。

(8) 选中图片,选择"动画"选项卡,在"动画"组的下拉列表中单击"进入"下的"缩放",如图 3-72 所示。

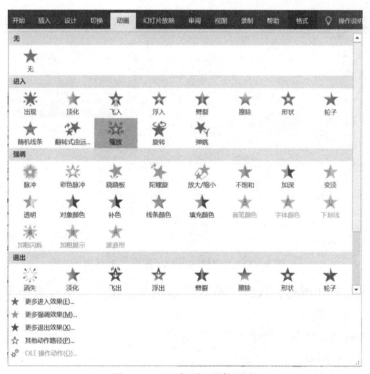

图 3-72 "动画"下拉列表

（9）选中图表，选择"动画"选项卡，在"动画"组的下拉列表中单击"进入"下的"轮子"。

（10）单击"高级动画"组的"触发"，在其下拉列表中单击"通过单击"下的"图片26"，如图3-73所示。效果如图3-74所示。

图3-73 "触发"下拉列表

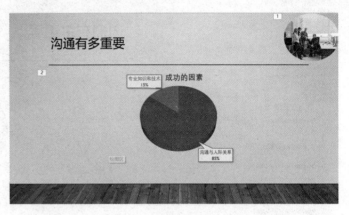

图3-74 第五张幻灯片效果

9. 设置SmartArt图形。

（1）选中第六张幻灯片，用鼠标右击文本框内容，在弹出的快捷菜单中单击"转换为SmartArt"下的"其他SmartArt图形"，在"选择SmartArt图形"对话框中选择"连续块状流程"，单击"确定"按钮，如图3-75所示。

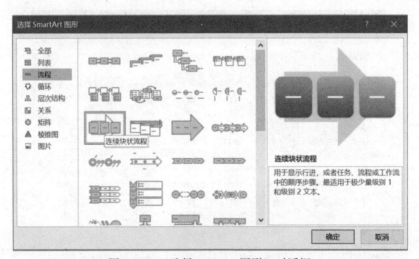

图3-75 "选择SmartArt图形"对话框

（2）选中SmartArt图形，选择"格式"选项卡，在"大小"组中设置"高度"为"6.8厘米"，"宽度"为"27厘米"。

（3）选中SmartArt图形，选择"设计"选项卡，在"SmartArt样式"组中选择"三维""优雅"，如图3-76所示。

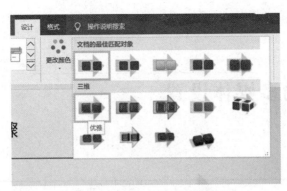

图 3-76 "SmartArt 样式"下拉列表

（4）选中 SmartArt 图形，选择"动画"选项卡，在"动画"组设置"擦除""进入效果"，"效果选项"为"自左侧"。幻灯片效果如图 3-77 所示。

图 3-77 第六张幻灯片效果

10. 放映并保存演示文稿。

（1）按 F5 键即可从头开始放映。

（2）单击"文件"菜单下的"另存为"命令。

（3）单击"浏览"按钮。

（4）在"另存为"对话框的"文件名"后输入"项目 4"，设置保存类型为"PowerPoint 演示文稿"。

（5）单击"保存"按钮。

【项目总结】本项目练习向幻灯片中添加图形、图片、表格、图表、SmartArt 图形等各种图形对象，并对各种对象进行设置。

项目 5

演示文稿的多媒体设置

基本信息	姓名		学号		班级		总评成绩	
	规定时间	30 min	完成时间		考核日期			

	序号	步骤	完成情况			标准分	评分
			完成	基本完成	未完成		
任务工单	1	打开演示文稿				5	
	2	设置演示文稿主题				5	
	3	设置母版标题样式				5	
	4	设置音频				20	
	5	设置视频				20	
	6	设置时间轴				15	
	7	在同一位置播放多张图片				15	
	8	放映并保存演示文稿				5	
操作规范性						5	
安全						5	

【项目目标】通过对素材文件添加音频、视频等多媒体对象,并对其进行相应设置,形成如图 3-78 所示的演示文稿。

【项目分析】本项目对素材文件的各幻灯片依次添加音频、视频、SmartArt 图形、图片,并对各种对象进行编辑,最后保存文档。

【知识准备】对音频、视频对象的相关设置。

【项目实施】

1. 打开演示文稿"项目 5 素材.pptx"。

2. 设置演示文稿主题。

选择"设计"选项卡,右击"主题"组中的"花纹",选择"应用于所有幻灯片"。

视频 3-8
演示文稿的多媒体设置

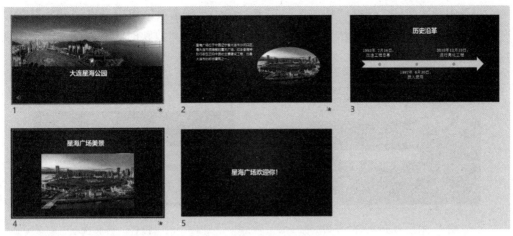

图 3-78　演示文稿效果

3. 设置母版标题样式。

（1）选择"视图"选项卡，单击"母版视图"组中的"幻灯片母版"。

（2）选中"花纹 幻灯片母版"。

（3）选中"单击此处编辑母版标题样式"，调整占位符大小，设置字体为"微软雅黑"，字号为"40"。

（4）关闭母版视图。

4. 音频设置。

（1）选中第一张幻灯片。

①单击"插入"选项卡下"媒体"组中的"音频"，在其下拉列表中单击"PC 上的音频"，如图 3-79 所示。

②在"插入音频"对话框中选择"背景音乐.mp3"，单击"插入"按钮，如图 3-80 所示，在当前幻灯片中插入了音频，效果如图 3-81 所示。

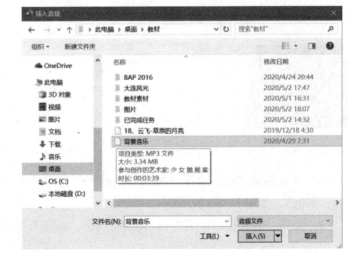

图 3-79　"音频"下拉列表　　　　图 3-80　"插入音频"对话框

（2）选中音频文件，选择"播放"选项卡，在"音频选项"组中设置"开始"为"自动"，分别勾选"跨幻灯片播放""循环播放，直到停止""放映时隐藏"三个复选框，如图3-82所示。

图3-81 显示插入的音频图标

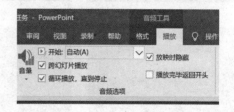

图3-82 设置"音频选项"

（3）选中"音频"图标，把它移至幻灯片左下角。

5. 视频设置

（1）选定第二张幻灯片。

①单击"插入"选项卡下"媒体"组中的"视频"，在其下拉列表中选择"PC上的视频"，如图3-83所示。

②在"插入视频文件"对话框中选择"星海广场.wmv"，单击"插入"按钮，如图3-84所示；当前幻灯片中插入了视频，效果如图3-85所示。

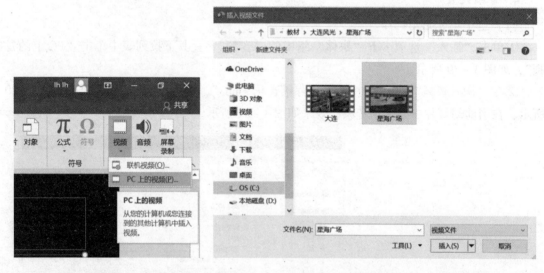

图3-83 "视频"下拉列表　　　　图3-84 "插入视频文件"对话框

（2）选定视频文件，选择"格式"选项卡，在"视频样式"组的样式库中选择"映像棱台，黑色"，如图3-86所示。

（3）单击"视频样式"组中的"视频形状"，在其下拉列表中选择"椭圆"，如图3-87所示。

图 3-85　插入视频后的效果

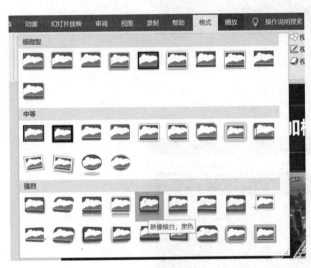

图 3-86　"视频样式"样式库

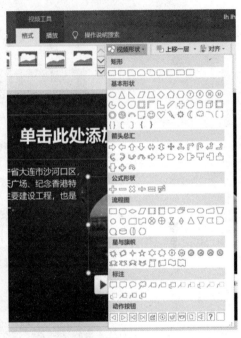

图 3-87　"视频形状"下拉列表

（4）单击"调整"组中的"海报框架"，在其下拉列表中单击"文件中的图像"，如图 3-88 所示；在"插入图片"对话框中选择"星海广场侧景"，单击"插入"按钮，如图 3-89 所示。

（5）选中视频文件，选择"播放"选项卡，在"视频选项"组中设置"开始"为"自动"，分别勾选"未播放时隐藏""循环播放，直到停止""播放完毕返回开头"三个复选框，如图 3-90 所示，单击"音量"，在其下拉列表中选择"静音"。

（6）选中视频文件，选择"播放"选项卡，单击"编辑"组中的"剪裁视频"，在"剪裁视频"对话框中，设置"开始时间"为"00:04"，"结束时间"为"00:50"，单击"确定"按钮，如图 3-91 所示。

图3-88 "海报框架"下拉列表

图3-89 "插入图片"对话框

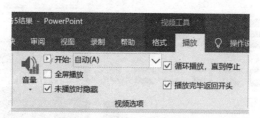

图3-90 设置"视频选项"

图3-91 "剪裁视频"对话框

6. 时间轴设计。

（1）选择第三张幻灯片，选定文本框，在"开始"选项卡的"字体"组中设置"字体"为"隶书"，"字号"为"14"。

（2）用鼠标右键单击文本框，在弹出的快捷菜单中单击"转换为 SmartArt 图形"的"其他 SmartArt 图形"，在"选择 SmartArt 图形"对话框中选择"流程"中的"基本日程表"，单击"确定"按钮，如图 3-92 所示。

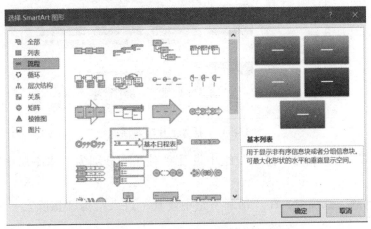

图 3-92 "选择 SmartArt 图形"对话框

（3）将 SmartArt 图形调整到适合大小，效果如图 3-93 所示。

图 3-93 第三张幻灯片效果

7. 同一位置播放多张图片。

（1）选择第四张幻灯片，单击"插入"选项卡下"图像"组的"图片"，在下拉列表中单击"此设备"，在"插入图片"对话框中，按住 Ctrl 键选择 5 个文件，单击"插入"按钮，如图 3-94 所示。

（2）同时选中 5 张图片。

①在"格式"选项卡的"大小"组中设置"高度"为"12 厘米"，"宽度"为"20 厘米"。

图 3-94 "插入图片"对话框

②在"格式"选项卡的"排列"组中设置"对齐"分别为"水平居中"和"垂直居中"。

③单击"动画"选项卡,在"动画"组中设置"进入"为"擦除","效果选项"为"自顶部"。

④在"动画"选项卡的"计时"组中设置"开始"为"上一动画之后","持续时间"为"03.50","延迟"为"00.75",如图 3-95 所示。

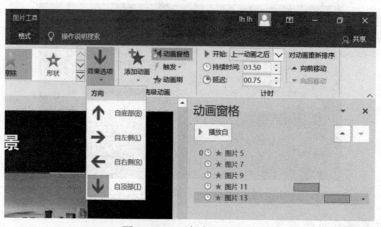

图 3-95 "计时"组设置

8. 放映并保存演示文稿。

【项目总结】本项目主要练习对音频、视频等多媒体对象的设置。

项目 6
演示文稿的动画设置

基本信息	姓名		学号		班级			总评成绩	
	规定时间	35 min	完成时间		考核日期				
任务工单	序号	步骤		完成情况			标准分	评分	
				完成	基本完成	未完成			
	1	打开演示文稿					5		
	2	设置演示文稿切换方式					30		
	3	设置动画					30		
	4	放映幻灯片					20		
	5	保存演示文稿					5		
操作规范性							5		
安全							5		

【项目目标】通过对素材文件的编辑,完成图 3-96 所示的动画效果。

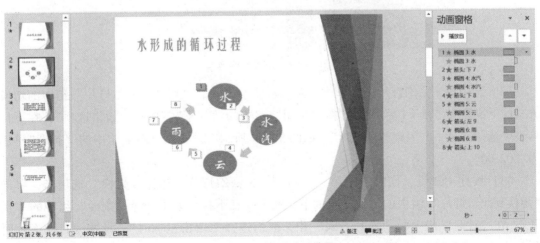

图 3-96 设置动画效果

【项目分析】本项目设置幻灯片切换的换片效果和动画效果，然后放映演示效果，最后保存文档。

【知识准备】PPT 的幻灯片切换效果设置、动画效果设置。

【项目实施】

1. 打开"项目6素材"演示文稿。

2. 设置幻灯片切换方式。

视频 3-9
演示文稿的动画设置

（1）选中第一张幻灯片，选择"切换"选项卡，单击"切换到此幻灯片"组中的切换方式的下拉箭头，在下拉列表中选择"华丽"组中的"蜂巢"，如图 3-97 所示；设置"计时"组中的"声音"为"风铃"，如图 3-98 所示。

图 3-97　选择"蜂巢"切换方式

图 3-98　设置"声音"

（2）选中第二张幻灯片，选择"切换"选项卡，单击"切换到此幻灯片"组中的切换方式的下拉箭头，在下拉列表中选择"华丽"组中的"闪耀"；单击"效果选项"，在下拉列表中选择"从下方闪耀的六边形"，如图 3-99 所示；设置"计时"组中的"持续时间"为"02.00"。

（3）按住 Ctrl 键，同时选中第三、四、五 3 张幻灯片，选择"切换"选项卡，单击"切换到此幻灯片"组中的切换方式的下拉箭头，在下拉列表中选择"细微"组中的"揭开"；在"计时"组中的"换片方式"中，取消选择"单击鼠标时"，设置"自动换片时间"为"00:02.00"，如图 3-100 示。

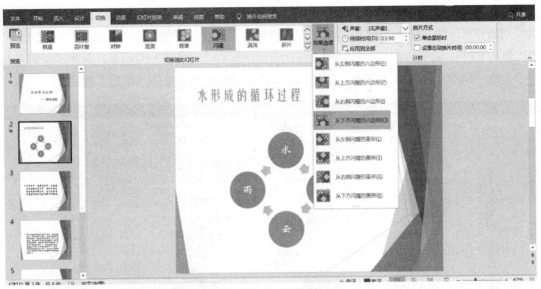

图 3-99　设置"效果选项"

图 3-100　设置"换片方式"

3. 设置动画。

(1) 选中第二张幻灯片，选中圆形"水"，选择"动画"选项卡，单击"高级动画"组中的"添加动画"，在下拉菜单中单击"更多进入效果"，弹出"添加进入效果"对话框，选择"基本"型中的"百叶窗"，如图 3-101 所示，单击"确定"按钮。

图 3-101　"添加进入效果"对话框

（2）选择"动画"选项卡，单击"高级动画"组中的"动画窗格"，弹出"动画窗格"；在"动画窗格"中，选中当前动画，单击下拉箭头，选择"单击开始"，如图3-102所示。再次单击下拉箭头，选择"效果选项"，弹出当前动画的"百叶窗"对话框，选择"计时"选项卡，将"期间"设置为"中速（2秒）"，如图3-103所示，单击"确定"按钮。

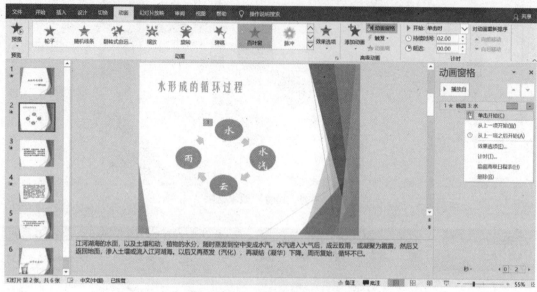

图3-102 "动画窗格"对话框

（3）单击"动画窗格"中的动画，选择"动画"选项卡，单击"高级动画"中的"添加动画"按钮，在下拉菜单中选择"强调"组中的"脉冲"。

（4）在"动画窗格"中，选中当前动画，单击下拉箭头，选择"从上一项之后开始"，再选择"效果选项"，弹出当前动画的"脉冲"对话框。选择"计时"选项卡，将"开始"设置为"上一动画之后"，将"期间"设置为"非常快（0.5秒）"，如图3-104所示，单击"确定"按钮。

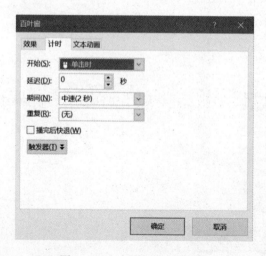

图3-103 "百叶窗"对话框

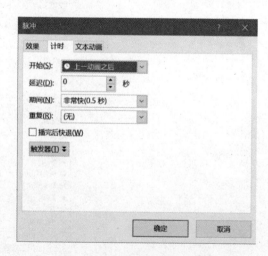

图3-104 "脉冲"对话框

(5) 选中"水"和"水汽"之间的箭头,选择"动画"选项卡,单击"动画"组中的下拉箭头,选择"进入"组中的"弹跳",如图 3–105 所示。

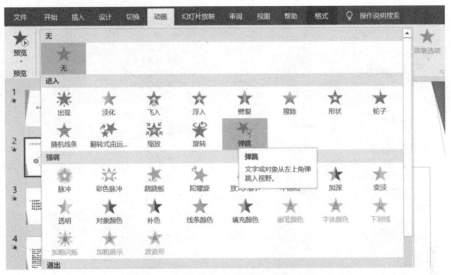

图 3–105　选择"弹跳"动画效果

(6) 同时选中圆形"水汽""云""雨",与圆形"水"设置相同的动画效果:进入效果为"百叶窗""单击开始""中速(2 秒)";强调效果为"脉冲""从上一项之后开始"。设置后的效果如图 3–106 所示。

图 3–106　同时设置三个对象的"动画窗格"效果

(7) 拖动"椭圆 4:水汽"的"脉冲"动画至"椭圆 4:水汽"的"百叶窗"动画后,拖动"椭圆 5:云"的"脉冲"动画至"椭圆 5:云"的"百叶窗"动画后,拖动"椭圆 6:雨"的"脉冲"动画至"椭圆 6:雨"的"百叶窗"动画后,调整后的效果如图 3–107 所示。

(8) 为三个箭头添加动画:"进入"组中的"弹跳"及"从上一项之后开始",调整位置,效果如图 3–108 所示。

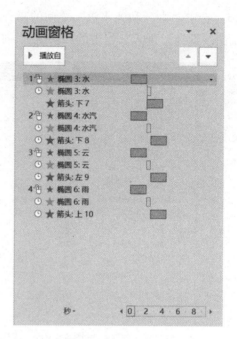

图 3 – 107　调整后的"动画窗格"效果　　　图 3 – 108　调整后的"动画窗格"

4. 放映幻灯片。

选择"幻灯片放映"选项卡,单击"开始放映幻灯片"组中的"从头开始",观看放映效果。

5. 保存演示文稿。

【项目总结】本项目主要练习幻灯片的切换效果设置、动画设置。

项目 7

演示文稿的高级应用

基本信息	姓名		学号		班级		总评成绩	
	规定时间	30 min	完成时间		考核日期			
任务工单	序号	步骤	完成情况			标准分	评分	
			完成	基本完成	未完成			
	1	打开演示文稿				5		
	2	设置超链接				20		
	3	保存并放映幻灯片				5		
	4	设置放映方式				10		
	5	设计排练时间				10		
	6	自定义幻灯片放映				10		
	7	添加墨迹注释				10		
操作规范性						5		
安全						5		

【项目目标】对素材设置超链接和动作按钮,设置演示文稿放映方式和排练计时,自定义幻灯片放映,在放映时添加墨迹注释。

【项目分析】本项目先对素材添加动作和超链接,然后设置幻灯片放映方式并彩排计时,再自定义幻灯片放映,并在放映时添加墨迹注释,最后查看设置结果。

【知识准备】PPT 动作按钮的使用方法,超链接的设置,演示文稿的放映,自定义放映的设置,放映时添加墨迹注释的方法。

【项目实施】

1. 打开"项目 7 素材.pptx"演示文稿。

2. 设置超链接。

(1) 选择第二张幻灯片。

视频 3-10
演示文稿的高级应用

(2) 选中"云"和"雨"之间的箭头,选择"插入"选项卡,单击"链接"组中的"超链接",弹出"插入超链接"对话框。

(3) 在"链接到"中选择"本文档中的位置",在"请选择文档中的位置"中选择"幻灯片5",如图3-109所示,单击"确定"按钮。

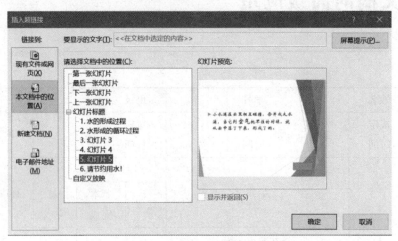

图3-109 "插入超链接"对话框

(4) 在第五张幻灯片上添加"回到循环"动作按钮。

①选中第五张幻灯片,选择"插入"选项卡,单击"插图"组中的"形状"按钮,在下拉菜单中的"动作按钮"组中选择"动作按钮:空白",如图3-110所示。按钮上的

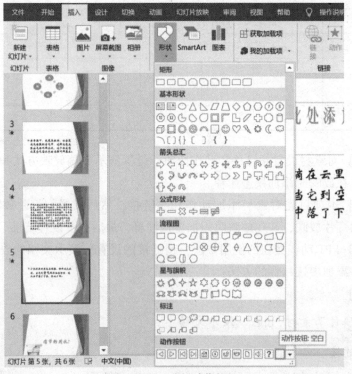

图3-110 选择动作按钮

图形都是常用的易理解的符号，如左箭头表示上一张，右箭头表示下一张，此外，还有表示链接到第一张、链接到最后一张等按钮。将光标移动到幻灯片窗口中，光标会变成十字形状，按下鼠标并在窗口中拖动，画出所选的动作按钮。释放鼠标，这时"操作设置"对话框自动打开。

②在"操作设置"对话框中选择"超链接到"单选按钮，单击向下箭头，在下拉列表中选择"幻灯片"，弹出"超链接到幻灯片"对话框，选择"2．水形成的循环过程"，如图3－111所示，单击"确定"按钮。

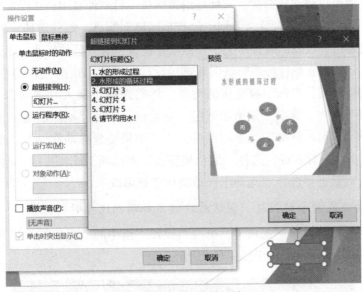

图3－111　设置超链接

③最后单击"确定"按钮，完成了动作按钮的超链接设置。

④右击按钮，在弹出的快捷菜单中单击"编辑文字"，输入文字"回到循环"，调整大小和位置，效果如图3－112所示。

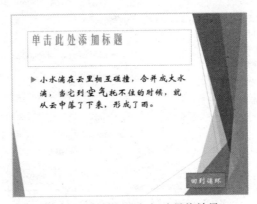

图3－112　第五张幻灯片最终效果

3．放映幻灯片，观看其效果。

（1）单击窗口右下方的"幻灯片放映"按钮或按快捷键F5启动幻灯片放映视图来预览

演示文稿。

(2) 在放映幻灯片时，要注意其中超链接和动作的使用。

操作技巧：

①放映幻灯片，当鼠标在带下划线的文字上经过时，光标变成小手的形状，表示这里已经有了链接动作。单击鼠标，跳到了第五张幻灯片。

②动作按钮是一个图形对象，除了可以调整按钮的大小、形状和颜色以外，还可以利用"绘图"工具栏对其进行格式设置。

③有两种办法可以建立超链接：一种是用超链接，另一种是用动作设置。如果是链接到幻灯片、Word 文件等，它们没什么差别；但若是链接到网页、邮件地址，用"超链接"就方便多了，并且还可以设置屏幕提示文字。但动作设置也有自己的好处，比如可以很方便地设置声音响应，还可以在鼠标经过时就引起链接反应。总之，这两种方式的链接各有千秋。如果要删除超链接，则首先选中被链接的对象，然后选择"插入"选项卡，单击"链接"组中的"超链接"命令，弹出"编辑超链接"对话框，单击"删除链接"按钮；或者单击鼠标右键，选择"取消超链接"菜单项就可以了。如果要删除动作设置，则首先选中被链接的对象，然后单击鼠标右键，选择"取消超链接"菜单项，或者选择"超链接"，在弹出的"动作设置"对话框中选择"无动作"单选按钮就可以了。

4. 设置放映方式为手动换片，尝试放映时不加动画选项时的效果。

(1) 选择"幻灯片放映"选项卡，单击"设置"组中的"设置幻灯片放映"命令，弹出"设置放映方式"对话框，如图 3-113 所示。

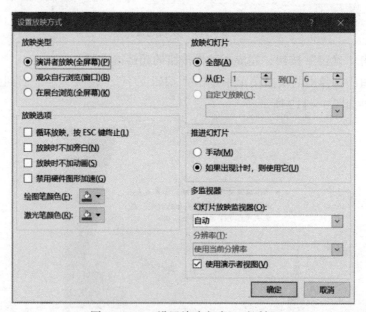

图 3-113 "设置放映方式"对话框

(2) "推进幻灯片"选择"手动"，"放映选项"选中"放映时不加动画"，单击"确定"按钮。

(3) 单击"开始放映幻灯片"组中的"从头开始"命令,或按快捷键 F5 观看幻灯片。

5. 设计排练时间。

(1) 选择"幻灯片放映"选项卡,单击"设置"组中的"排练计时"按钮。系统进入全屏放映模式,同时,在屏幕的左上角出现如图 3-114 所示的"录制"对话框。

(2) 用户正常操作幻灯片的放映,直到结束放映,系统自动弹出如图 3-115 所示的对话框,在对话框中有幻灯片放映的时间,单击"是"按钮。

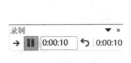

图 3-114 "录制"对话框

图 3-115 幻灯片放映时间显示

(3) 选择"幻灯片放映"选项卡,选择"设置"组"使用计时",按快捷键 F5 观看使用计时的幻灯片放映效果。

6. 自定义幻灯片放映。

(1) 设置自定义放映,只放映第一、二、六张幻灯片。

①选择"幻灯片放映"选项卡,单击"开始放映幻灯片"组中的"自定义幻灯片放映",在下拉菜单中选择"自定义放映"命令,弹出"自定义放映"对话框,如图 3-116 所示。

图 3-116 "自定义放映"对话框

②单击"新建"按钮,弹出如图 3-117 所示的"定义自定义放映"对话框。

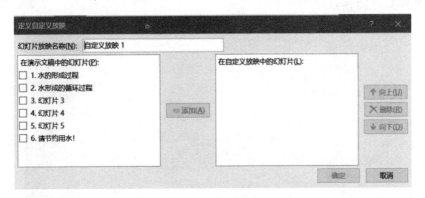

图 3-117 "定义自定义放映"对话框

③在"幻灯片放映名称"中输入文字"水的循环精简版",从"在演示文稿中的幻灯片"列表中选择第一张幻灯片,单击"添加"按钮,可将选中的幻灯片添加到"在自定义放映中的幻灯片"列表框中。使用同样的方法把第二张、第六张幻灯片按顺序进行添加,如图 3-118 所示。

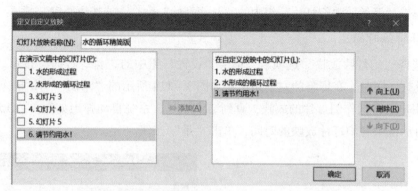

图3-118 设置完成的"定义自定义放映"对话框

(2) 单击"确定"按钮,屏幕回到"自定义放映"对话框,单击"放映"按钮,查看幻灯片放映效果。

(3) 放映后单击"关闭"按钮,即可关闭"自定义放映"对话框。

7. 添加墨迹注释。

(1) 选择"幻灯片放映"选项卡,单击"开始放映幻灯片"组中的"自定义幻灯片放映",在下拉菜单中选择"水的循环精简版",如图3-119所示,查看放映效果。

图3-119 "自定义幻灯片放映"下拉列表

(2) 放映第一张幻灯片。

①右击屏幕任意处,在弹出的快捷菜单中执行"指针选项"→"荧光笔"。

②再次右击屏幕任意处,在弹出的快捷菜单中执行"指针选项"→"墨迹颜色"→"红色",如图3-120所示。

图3-120 设置"墨迹颜色"和"荧光笔"的快捷菜单

③按住鼠标左键拖动,即可在幻灯片上添加墨迹,如图3-121所示。

图 3 – 121　墨迹注释

④放映结束后，出现"Microsoft PowerPoint"对话框，单击"保留"按钮，如图 3 – 122 所示。

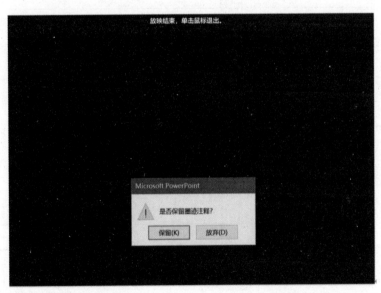

图 3 – 122　"Microsoft PowerPoint"提示框

8. 保存演示文稿。

单击"文件"菜单下的"另存为"命令，将当前演示文稿以"项目 7. pptx"保存在文档文件夹下。

【项目总结】本项目分别练习 PPT 动作按钮、超链接、幻灯片放映方式的设置，自定义幻灯片放映，以及添加墨迹注释。

项目 8
打印演示文稿

基本信息	姓名		学号		班级		总评成绩	
	规定时间	30 min	完成时间		考核日期			
任务工单	序号	步骤	完成情况			标准分	评分	
			完成	基本完成	未完成			
	1	打开演示文稿				10		
	2	页面设置				30		
	3	打印设置				40		
	4	保存并关闭 PowerPoint 2016				10		
操作规范性						5		
安全						5		

【项目目标】通过本项目，熟练掌握演示文稿的页面设置、打印的相关操作。

【项目分析】本项目要求对素材进行页面设置，然后设置打印项进行打印。

【知识准备】演示文稿的页面设置，设置打印项打印的过程。

【项目实施】

1. 打开"项目8素材.pptx"演示文稿。

2. 页面设置。

视频 3-11
打印演示文稿

（1）选择"设计"选项卡，单击"自定义"命令组中的"幻灯片大小"，在其下拉列表中单击"自定义幻灯片大小"，弹出如图 3-123 所示的"幻灯片大小"对话框。

（2）在"幻灯片大小"下的组合框中选择"A4"，在"幻灯片"下的选项中选中"横向"，在"备注、讲义和大纲"下的选项中选中"纵向"，单击"确定"按钮。

（3）在弹出的图 3-124 所示的"Microsoft PowerPoint"提示框中单击"确保适合"

按钮。

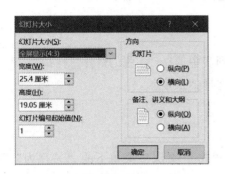

图 3 – 123　"幻灯片大小"对话框

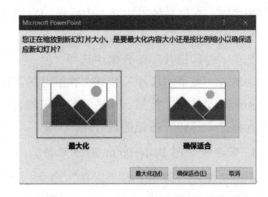

图 3 – 124　"Microsoft PowerPoint"提示框

3. 打印设置。

（1）打印第一张幻灯片，要求：2 份，加边框，颜色打印。

① 选中第一张幻灯片。

② 单击"文件"菜单下的"打印"命令，在右侧的选项面板中单击"设置"选项组的下三角按钮，在展开的下拉列表中选择"打印当前幻灯片"。

③ 在"打印份数"组合框中选择"2"。

④ 单击"整页幻灯片"，在展开的下拉列表中选择"幻灯片加框"。

⑤ 单击"颜色"按钮，在展开的下拉列表中选择颜色，如图 3 – 125 所示。

⑥ 单击"打印"按钮进行打印。

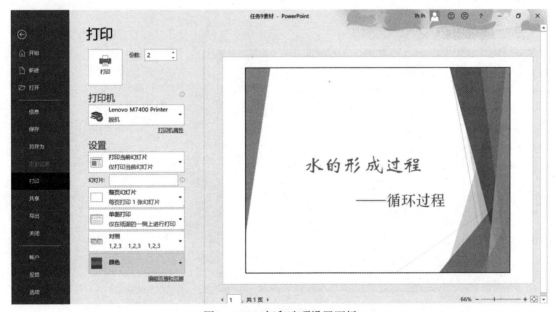

图 3 – 125　打印选项设置面板

（2）打印幻灯片 2 至幻灯片 4，要求：3 份，一页打印 3 张幻灯片，灰度打印。

①单击"文件"菜单下的"打印"命令,在右侧的选项面板中单击"设置"选项组的下三角按钮,在展开的下拉列表中选择"自定义范围",并在其后的"幻灯片"文本框中输入"2-4"。

②在"打印份数"组合框中选择"3"。

③单击"整页幻灯片"按钮,在展开的下拉列表中选择"3张幻灯片"。

④单击"颜色"按钮,在展开的下拉列表中选择"灰度"。

⑤单击"打印"按钮进行打印。

4. 保存并关闭 PowerPoint 2016 软件。

单击"文件"菜单下的"保存"命令,或者单击"文件"菜单下的"另存为"命令,在"另存为"对话框中输入"项目8 打印演示文稿",单击"关闭"按钮关闭 PowerPoint 2016 软件。

操作技巧:

(1) 在打印设置中,如果需要打印的序号连续,例如第四张到第六张,输入"4-6"即可;若只打印第四张和第六张幻灯片,则输入"4,6"。

(2) 在打印内容一栏中,除了可以打印幻灯片以外,还可以选择讲义、大纲、备注等不同内容。

【项目总结】本项目主要练习文稿的页面设置、打印设置。

项目 9
发布与共享演示文稿

基本信息	姓名		学号		班级		总评成绩	
	规定时间	30 min	完成时间		考核日期			
任务工单	序号	步骤	完成情况			标准分	评分
			完成	基本完成	未完成		
	1	打开演示文稿				5	
	2	添加"标记"属性				5	
	3	检查演示文稿				10	
	4	使用批注				20	
	5	简体和繁体之间的转换				5	
	6	保护演示文稿				20	
	7	打包演示文稿				20	
	8	保存并关闭 PowerPoint 2016				5	
操作规范性						5	
安全						5	

【项目目标】通过本项目,能熟练掌握添加属性与检查演示文稿、添加和删除批注、繁体和简体转换、保护和打包演示文稿等操作。

【项目分析】本项目要求对素材进行添加属性、检查、添加和删除批注、繁体和简体转换、保护和打包演示文稿等操作。

【知识准备】添加属性与检查演示文稿,添加和删除批注,繁体和简体转换,保护和打包演示文稿。

【项目实施】

1. 打开"项目9素材.pptx"演示文稿。

2. 添加"标记"属性。

单击"文件"菜单下的"信息",在右侧选项面板"属性"下"标

视频3-12
保护与发布
演示文稿

记"后输入"常识",如图 3-126 所示。

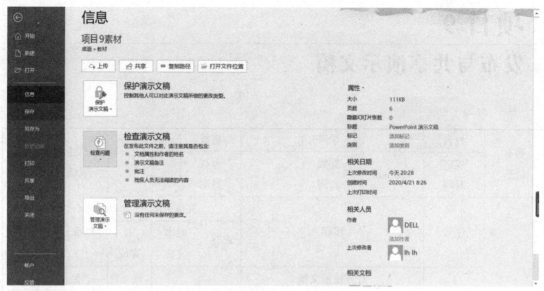

图 3-126 "信息"选项面板

3. 检查演示文稿。

(1) 单击"文件"菜单下的"信息",然后单击右侧的"检查问题"按钮,在展开的下拉列表中单击"检查文档",如图 3-127 所示。

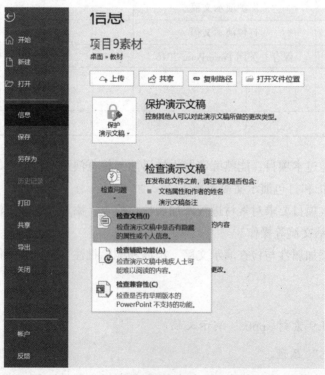

图 3-127 "检查问题"下拉列表

(2) 在"文档检查器"对话框中，单击选择"墨迹"和"幻灯片外内容"，单击"检查"按钮，如图3-128所示。

图3-128 "文档检查器"对话框

(3) 在"文档检查器"的"审阅检查结果"单击"墨迹"后面的"全部删除"按钮，最后单击"关闭"按钮，如图3-129所示。

图3-129 "文档检查器"的审阅检查结果

4. 在演示文稿中使用批注。

（1）添加批注。

①选中第二张幻灯片，单击"审阅"选项卡"批注"组中的"新建批注"按钮（或单击"插入"选项卡"批注"命令组中的"批注"按钮，如图3-130所示。

② 在弹出的"批注"窗格的文本框内输入"有动画设置"，如图3-131所示，此时幻灯片左上角出现批注图标，如图3-132所示。

图3-130 "新建批注"按钮

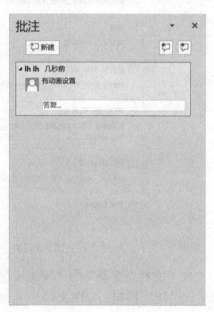

图3-131 "批注"窗格

③选定第六张幻灯片中的图片，单击"插入"选项卡"批注"命令组中的"批注"，在"批注"下的文本框内输入"本图经过裁剪处理"。

（2）删除批注。

选中第二张幻灯片的批注图标，按下 Delete 键即可将其删除。或者先单击第二张幻灯片的批注图标，再单击"批注"任务窗格批注框中的 ✕ 按钮即可删除该批注，如图3-133所示。

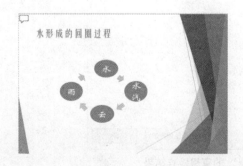

图3-132 添加批注后的幻灯片

图3-133 "删除批注"对话框

5. 简体和繁体之间的转换。

单击"审阅"选项卡"中文简繁转换"组中的"简转繁",效果如图 3-134 所示。

6. 保护演示文稿。

(1) 将演示文稿标记为最终状态。

①单击"文件",在弹出的菜单中单击"信息"。

②单击右侧的"保护演示文稿"按钮,在展开的下拉列表中单击"标记为最终"选项,如图 3-135 所示。

图 3-134 "简转繁"效果图

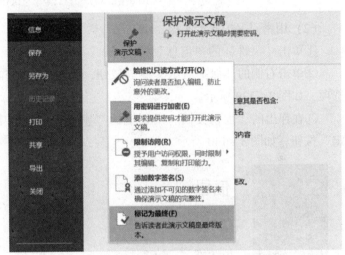

图 3-135 "保护演示文稿"下拉列表

③弹出"Microsoft PowerPoint"提示框,单击"确定"按钮,如图 3-136 所示。

图 3-136 "Microsoft PowerPoint"提示框

④保存后弹出"此文档已被标记为最终状态,表示编辑已完成,这是文档的最终版本"提示框,单击"确定"按钮,如图 3-137 所示。

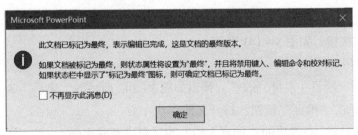

图 3-137 "Microsoft PowerPoint"提示框

⑤返回演示文稿后,单击"仍然编辑"按钮可恢复编辑状态,如图 3-138 所示。

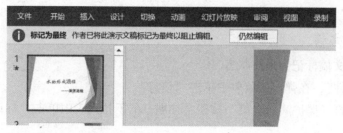

图 3-138 "仍然编辑"按钮

(2) 用密码保护演示文稿。

①单击"文件"的"信息"按钮。

②单击右侧的"保护演示文稿"按钮,在展开的下拉列表中单击"用密码进行加密"选项,如图 3-139 所示。

③在弹出的"加密文档"对话框的"密码"文本框中输入"123456",然后单击"确定"按钮,如图 3-140 所示。

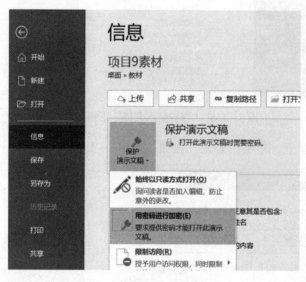
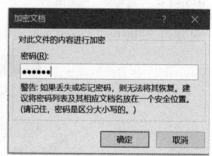

图 3-139 "保护演示文稿"下拉列表中的"用密码进行加密"

图 3-140 "加密文档"对话框

④在弹出的"确认密码"对话框的"重新输入密码"文本框中再次输入保护密码,然后单击"确定"按钮,如图 3-141 所示。

⑤保存并关闭文件。

⑥再次打开"项目 9 素材.pptx",弹出如图 3-142 所示的"密码"对话框,输入密码"123456"后,单击"确定"按钮,打开文档。

⑦重复步骤①②,在弹出的"加密文档"对话框中删除密码。

⑧单击"保存"按钮。

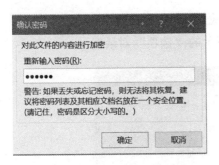

图 3-141 "确认密码"对话框　　　　图 3-142 "密码"对话框

7. 打包演示文稿。

(1) 单击"文件"菜单下的"导出",单击"将演示文稿打包成 CD",如图 3-143 所示,单击"打包成 CD"按钮,弹出"打包成 CD"对话框,如图 3-144 所示。

图 3-143 "导出"列表

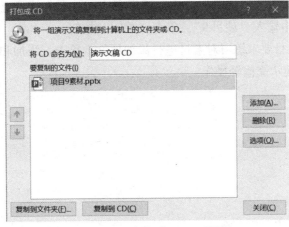

图 3-144 "打包成 CD"对话框

（2）单击"添加"按钮，可以选择想要打包成 CD 的演示文稿。

（3）单击"选项"按钮，弹出如图 3-145 所示的"选项"对话框。

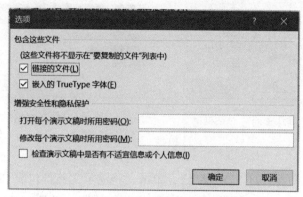

图 3-145 "选项"对话框

在"选项"对话框中可以设置包含哪些文件和打开及修改文件的密码等选项，单击"确定"按钮返回。

（4）单击"复制到文件夹"按钮，弹出如图 3-146 所示的"复制到文件夹"对话框。

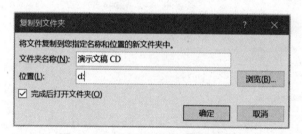

图 3-146 "复制到文件夹"对话框

在此对话框中可以输入新的文件夹的名称和位置，可以是 U 盘，也可以是其他存储设备中。

8. 保存并关闭 PowerPoint 2016。

单击"文件"菜单下的"保存"命令，或者单击"文件"菜单下的"另存为"命令，在"另存为"对话框中输入"项目9"，单击"关闭"按钮。

【项目总结】本项目要求练习对素材进行添加属性、检查、添加和删除批注、繁体和简体转换、保护、打包演示文稿等操作。

本部分总结

【评价】

项目	相关知识点的掌握		操作的熟练程度		完成的结果	
	教师评价	学生自我评价	教师评价	学生自我评价	教师评价	学生自我评价
项目一						
项目二						
项目三						
项目四						
项目五						
项目六						
项目七						
项目八						
项目九						

【小结】本项目根据演示文稿的基本功能完成了 PPT 演示文稿的创建与保存、编辑、打印、放映、母版的设计与使用方法等一系列任务,同时包含了一些高级操作,展现了 PPT 十分强大的演示文稿处理功能。

【练习与思考】

1. 选取一门课程的一个章节制作一份完整的课件。
2. 使用模板制作一份精美的培训文稿。

综合习题

一、Word 2016 文字处理（习题 Word 素材.docx）

1. 为文档中的各级标题添加样式。

(1) 按照如下要求修改标题 1 样式，并将其应用到文档中的所有红色文本：
①黑体，小三号字，加粗效果。
②段前段后间距各 0.5 行，2 倍行距，并设置为与下段同页。

(2) 按照如下要求修改标题 2 样式，并将其应用到文档中的所有蓝色文本：
①黑体，四号字，加粗效果。
②段前段后间距各 0.5 行，1.5 倍行距，并设置为与下段同页。

(3) 按照如下要求修改标题 3 样式，并将其应用到文档中的所有绿色文本：
①黑体，小四号字，加粗效果。
②段前段后间距各 0.5 行，1.5 倍行距，并设置为与下段同页。

(4) 按照如下要求创建名为"论文正文"的新样式，并将其应用到文档中的所有标题以外的正文文本：
①宋体，小四号字。
②段前段后间距各 0.5 行，首行缩进 2 字符。

2. 为各级标题添加自动编号。

(1) 为文档的各级标题添加自动编号，编号格式为"第 1 章，1.1，1.1.1"，分别对应文档的标题 1、标题 2 和标题 3 样式。

(2) 编号对齐左侧页边距，编号与标题文字之间使用空格进行间隔。

3. 为文档分节并添加目录。

(1) 为文档进行分节，使得封面、目录、各章内容及参考文献都位于独立的节中，每节内容新起一页。

(2) 为文档添加格式为"正式"的目录，目录中应包含 1 级到 3 级标题及参考文献，参考文献须和 1 级标题在目录中为同一级别。

4. 为文档添加页眉和页脚。

(1) 封面页不显示页眉，为目录页添加文本"目录"作为页眉，为各章添加章名作为页眉，如"第 1 章 绪论"，为参考文献所在页面添加文本"参考文献"作为页眉，所有页眉须居中对齐。

(2) 在文档的页脚正中添加页码，封面页不显示页码，目录页页码格式为"Ⅰ，Ⅱ，Ⅲ，…"，并且页码从"Ⅰ"开始；从第 1 章开始的正文内容到参考文献，页码格式为"1，2，3，…"，并且页码从 1 开始。

5. 创建及格式化表格。

（1）将第 3 章中题注"表 1 2008—2009 年不同类型设备上网比例比较"上方的 5 行文字转换为 5 行 3 列的表格，并将其设置为与页面同宽。

（2）为表格应用"浅色列表"样式，表格中所有文本水平居中对齐。

6. 保存文档。

（1）删除文档中的所有空行并更新目录。

（2）在桌面上创建以学生学号命名的文件夹。

（3）将文档以"Word 文档（*.docx）"格式保存副本，文件名为学生本人学号和姓名，保存位置为步骤（2）所创建文件夹。

（4）将文档以"Pdf（*.pdf）"格式保存副本，文件名为学生本人学号和姓名，保存位置为步骤（2）所创建文件夹。

二、Excel 2016 文字处理（习题 Excel 素材.xlsx）

1. 单元格区域 A1:H50 格式。

（1）对数据区域应用内部和外部框线。

（2）对字段行应用"紫色，个性色 4，淡色 40%"填充颜色。

（3）所有数据居中对齐。

（4）冻结表格的首行。

（5）对"日期"列中的数据应用"2012 年 3 月 14 日"的数字格式。

（6）对"单价"列数据应用"绿 - 黄 - 红色阶"的条件格式。

（7）在 A1:H50 单元格区域中，仅使用首行建立名称。

2. 数据查询。

（1）计算单元格区域 F2:F50 中的数值。

（2）在单元格 I2 中建立"滚动条（窗体控件）"，该控件可以控制单元格 E2 中的数值，最小值设置为 1，最大值设置为 100，步长为 1。

3. 数据分析及展示。

（1）在 F40:G50 单元格区域中，建立图表类型为"带数据标记"的单元格开始，建立带数据标记的折线图，图表区的形状样式为"浅色 1 轮廓 - 彩色填充 - 橙色，强调颜色 5"，图标上方添加图表标题"小计趋势图"。

（2）整体效果（参考样例）。

4. 设置工作表及输出数据。

（1）将工作表的名称更改为"电子产品日价表"。

（2）将工作簿的主题设置为"离子会议室"。

（3）在桌面上创建以学生学号命名的文件夹。

（4）将工作表以"Excel 工作簿（*.xlsx）"的格式保存副本，文件名为学生本人的学号，保存位置为步骤（3）所创建的文件夹。

三、PowerPoint 2016 文字处理（习题 PPT 素材.pptx）

1. 设置主题及建立演示文稿内容。

（1）幻灯片大小：宽屏显示（16∶9）。

（2）背景颜色：渐变填充。预设渐变为"中等渐变 – 个性色 1"，类型为"线性"，角度为 90 度。

（3）页眉和页脚：插入自动更新的日期、幻灯片编号及页脚（内容为"美丽的浪漫之都"）。

（4）标题幻灯片中不显示以上内容。

2. 幻灯片 1。

（1）标题占位符：微软雅黑字体，48 号字，加粗及加阴影。

（2）图片：幻灯片 1。

（3）整体效果（参考样例）。

3. 幻灯片 2。

（1）标题占位符：微软雅黑字体，44 号字，加粗。

（2）SmartArt 图形。

①布局：垂直图片列表。

②图片：幻灯片 2 – 1、幻灯片 2 – 2、幻灯片 2 – 3。

③字体：微软雅黑，字号 28。

④SmartArt 样式：三维优雅。

⑤更改颜色：彩色 – 个性色。

⑥动画：单击时，自左侧逐个飞入，持续时间：1 s。

（3）整体效果（参考样例）。

4. 幻灯片 3。

（1）标题占位符：微软雅黑字体，44 号字，加粗。

（2）内容占位符：微软雅黑字体，32 号字。

（3）项目符号列表：幻灯片 3 – 1。

（4）添加视频 3 – 1。

（5）设置海报框架：幻灯片 3 – 2。

（6）整体效果（参考样例）。

5. 幻灯片 4。

（1）标题占位符：微软雅黑字体，44 号字，加粗。

（2）图表。

①图表样式 8。

②图表区样式：细微效果——黑色，深色1。
③数据系列样式：强烈效果——蓝色，强调颜色1。
④隐藏图例，增加数据标签显示。
（3）动画：擦除进入动画效果，单击时开始，自底部，中速。
（4）整体效果（参考样例）。

6. 幻灯片5。

艺术字：Arial字体，96号，加粗，艺术字样式为渐变填充——线性向右。

7. 播放及输出演示文稿。

（1）切换效果：擦除，自左侧。
（2）换片方式：单击鼠标时换片；自动换片时间为4 s。
（3）在桌面上创建以学生学号命名的文件夹。
（4）将演示文稿以"PowerPoint演示文稿（*.pptx）"的格式保存副本，文件名为学生本人的学号，保存位置为步骤（3）所创建的文件夹。

参 考 文 献

［1］常广炎，屠志青. 大学计算机应用基础教程（下册）［M］. 北京：中国铁道出版社，2015.

［2］胡勇，刘君. 大学计算机应用实训教程（下册）［M］. 北京：中国铁道出版社，2015.